Inhalt

Für meine geliebte Doris und meinen Freund Per Nørgart, der mir in den 1970er Jahren in Kopenhagen sein Rad lieh und das mit einer Verwarnung in Höhe von 200 Kronen quittiert bekam, weil ich nachts von einer Polizeistreife ohne Beleuchtung erwischt worden war.

Schnell-Check

Was ist das weltweit am meisten genutzte technische Individualverkehrsmittel? Nein, nicht das Kraftfahrzeug, von dem 2015 statistisch rund eine Milliarde Exemplare erfasst waren. Es ist das Fahrrad, von dem deutlich mehr als eine Milliarde bewegt werden (eine verlässliche Statistik gibt es nicht). Ob es angesichts der anhaltenden Automotorisierung in bevölkerungsreichen Ländern wie etwa China und Indien seine globale Führungsposition behaupten und sogar ausbauen kann – wer weiß. Einigen Prognosen zufolge dürften um 2020 ausschließlich durch Motorkraft angetriebene Fahrzeuge die mit Körperkraft bewegten Zweiräder ins Hintertreffen geraten lassen.

Seit wann reden wir im deutschsprachigen Raum eigentlich von der Gattung *Fahrrad*?[1] Seit 1885, um genau zu sein, als der Begriff durch die Übereinkunft deutscher Radfahrervereine das zu jener Zeit übliche Fremdwort *Bicycle* oder auch *Veloziped* ersetzte.[2] Nachdem Otto Sarrazin 1886 die Bezeichnung »Fahrrad« in sein *Verdeutschungs-Wörterbuch* übernommen hatte, das den deutschen Behörden als Leitfaden für die Sprachvereinheitlichung diente, setzte sie sich landesweit durch.[3] Das Fahrrad oder auch Zweirad, Rad, Radel, Fietse, Leeze, Velo, Bike, Stahlross, Drahtesel usw. hatte im 20. Jahrhundert zuweilen auch einen knatternden Hilfsmotor. Inzwischen kommen die motorunterstützten Varianten als Elektrofahrrad bzw. E-Bike und Pedelec (Pedal Electric Cycle) daher.[4] Krach machen sie – anders als ihre Vorläufer – nicht, und üble Abgase stoßen sie auch nicht aus. Apropos Drahtesel. Das Wort wird vom *Duden* als eine scherzhafte Bezeichnung gewertet und vom Allwetterzoo in Münster tierisch ernst genommen. Dort stieß ich vor einiger Zeit auf ein Schild mit folgender informativer Aussage:

Drahtesel (*Equus domesticus ferreus*)

Lebensraum und Gestalt

Der Drahtesel ist auf der ganzen Welt verbreitet. Bevorzugte Wohngebiete sind das Münsterland, aber auch in China und Vietnam ist diese Haustierrasse häufig zu finden.

Der Drahtesel ist in verschiedenen Farbvariationen anzutreffen. Seine Größe und sein Gewicht können sehr schwanken. Er besitzt selten ein Fell. Charakteristisch sind die beiden aus Gummi bestehenden Räder und der aus Stahl oder Aluminium hergestellte Rumpf. Beinahe ausgerottete Unterarten besitzen ein Skelett aus Holz.

Ernährung

Der Drahtesel ist sehr genügsam. Er kommt lange Zeit ohne Nahrung aus, wenn er sich nicht bewegen muss. Um seine Höchstgeschwindigkeiten von bis zu 90 km/h zu erreichen, benötigt er jedoch Muskelkraft. Dabei lebt er in einer engen Lebensgemeinschaft (Symbiose) mit dem Homo sapiens (Menschen). Weitere Nahrungsbestandteile setzen sich aus Maschinenöl und Luft zusammen.

Fortpflanzung

Die Drahteselindustrie ist maßgeblich an der Vermehrung dieser wichtigen Haustierrasse beteiligt. Weibliche oder männliche Drahtesel kommen vor, sind aber nicht fortpflanzungsfähig. Deshalb erfolgt die Vermehrung ungeschlechtlich.

Das Zweirad hat eine Geschichte, Gegenwart und Zukunft. Dieses Buch erscheint zu einem Zeitpunkt, da sich die geniale Basisinnovation eines lenkbaren Gefährts mit zwei linear hintereinander angeordneten Laufrädern zum zweihundertsten Mal jährt. Vermutlich ging die erste Radtour auf einer »Fahrmaschine ohne Pferd« am 12. Juni 1817 in Deutschland über die historische Bühne.[5] Die von Karl Drais entwickelte Laufmaschine effektivierte gleichsam über Nacht die individuelle Mobilität durch Muskelkraft, indem sie die Muskelkraft potenzierte.

Die seit der Erfindung des Zweiradprinzips vergangenen zwei Jahrhunderte bilden die Folie für eine wahrlich »bewegte« Geschichte der Zweiradentwicklung und -mobilität. Sie wird in diesem Buch zur Sprache kommen. Allerdings nicht in Form einer klassischen Entwicklungs- und Designgeschichte; ich beschränke mich auf die grundlegenden technischen Fortschritte und Wendepunkte. Ich schildere, unter welchen Umständen und wie unsere Vorfahren das »anthropomobile« Zweirad zum Laufen brachten, wie die Alltagskultur und das Sozialleben zunehmend um die Praxis des Radfahrens bereichert wurden. Dabei stütze ich mich nach Kräften auf all die Akteurinnen und Akteure, die das Radfahren nicht nur in ihre subjektive Wirklichkeit integrierten, sondern auch plastisch darüber berichteten.

Als Sportgerät dient das Zweirad spätestens seit den ersten überlieferten Laufmaschinen-Rennen in den 1820er Jahren. Bis zu Beginn der zweiten Hälfte des 20. Jahrhunderts waren Radwettkämpfe wie etwa die 6-Tage-Rennen beliebter als der seitdem dominierende »intellektuelle Massensport« Fußball. Ich halte den sprichwörtlichen Ball hinsichtlich des radsportlichen Geschehens ziemlich flach; in diesem Buch fließt sozusagen nicht der »Schweiß der Götter«[6], sondern der auf das Rad im Alltag und in der Freizeit angewiesenen Menschen wie du und ich.

Die ab 1817 zunächst in deutschen Landen in den Verkehr gelangten Maschinen wurden im Laufschritt bewegt; sie hatten keine Tretkurbeln. Die balanciertechnische Herausforderung des Fahrens ohne jeglichen Bodenkontakt der Füße ergab sich erst um 1861, als in Frankreich Maschinen mit Pedalen an der vorderen Radgabel in den Verkehr kamen, die sogenannten »Velocipede« bzw. »Knochenschüttler«. Für Kulturhistoriker, die den Pedalantrieb als grundlegend für ein Fahrrad werten, beginnt die Geschichte des Radfahrens daher auch erst mit Beginn der 1860er Jahre. Ich werde sowohl die Zeit der Knochenschüttler wie auch die der darauf folgenden Hochräder mittels zeitgenössischer Erfahrungsberichte noch einmal wachrufen.

Die Prototypen der uns heute vertrauten Fahrradkonstruktionen mit Rohrrahmenbauweise, mittiger Tretkurbel und Kettenantrieb wurden Ende des 19. Jahrhunderts in England zur Marktreife entwickelt. Diese Bicycles bzw. Niederräder mit Drahtspeichenrädern, Kugellagern und bald darauf Luftreifen revolutionierten das Verkehrsgeschehen, weil sie im Zuge der zugleich aufkommenden arbeitsteiligen industriellen Produktionsmethoden massenhaft hergestellt werden konnten und dadurch für immer mehr Kaufwillige (zunehmend auch aus zweiter Hand) erschwinglich wurden. Man könnte es auch so formulieren: Erst mit dem Niederrad beginnt die Sozialgeschichte des Fahrrads, weil es innerhalb eines Vierteljahrhunderts vom Luxusartikel für Begüterte zum Gebrauchsgut der Allgemeinheit avancierte. Das ist aller Rede wert.

Bis ins erste Jahrzehnt des 20. Jahrhunderts lief für die meisten Europäer die Teilnahme am Individualverkehr auf den Einsatz der eigenen Beine hinaus. Ein privates Reittier oder Pferdegespann stand in aller Regel nur den Mitgliedern der Oberschicht zur Verfügung. Mit dem Zweirad erhielten nun das erste Mal in der Menschheitsgeschichte potentiell all diejenigen Zugriff auf ein privates Stahlross, die sich zuvor nie ein »normales« Reittier hätten leisten können. In Deutschland wurde das alltagstaugliche Niederrad spätestens ab 1910 zunächst in den Städten und dann auch auf dem Lande zu einem viel genutzten Individualverkehrsmittel. Den damals für immer mehr Cyclisten »erfahrbaren« soziotechnischen Vorteil des Rads hat Ivan Illich trefflich so auf den Punkt gebracht:

»Fahrräder ermöglichen es dem Menschen, sich schneller fortzubewegen, ohne nennenswerte Mengen von knappem Raum, knapper Energie oder knapper Zeit zu beanspruchen. Er benötigt weniger Stunden pro Kilometer und reist doch mehr Kilometer im Jahr. Er kann den Nutzen technologischer Errungenschaften genießen, ohne die Pläne, die Energie oder den Raum anderer übermäßig zu beanspruchen. Er wird Herr seiner Bewegung, ohne die seiner Mitmenschen wesentlich zu beeinträchtigen. Sein neues Werkzeug schafft nur solche Bedürfnisse, die es auch befriedigen kann. Jede Steigerung der motorisierten Beschleunigung schafft neue Ansprüche an Raum und Zeit. Die Verwendung des Fahrrads beschränkt sich von selbst«[7].

Die Zweiradbranche hat in ihrer Geschichte (nicht nur) in Deutschland zweimal von einem sogenannten Boom profitiert. In der ersten Hälfte des 20. Jahrhunderts und im – wohl mindestens – ersten Viertel dieses 21. Jahrhunderts. Die Gründe, die in diesen beiden Phasen viele Verkehrsteilnehmer dazu bewogen, in die Pedale zu treten, sind allerdings nur bedingt identisch. Dass das alltägliche Radfahren ein wichtiger Beitrag zum Umweltschutz und zur Eindämmung des Klimawandels sei, stand zu Beginn des 20. Jahrhunderts jedenfalls noch nicht im »Pflichtenheft« der Bürgerinnen und Bürger. Für beide Boom-Zeiten gilt natürlich grundsätzlich, dass die jeweiligen gesellschaftlichen Spiel- und Verkehrsregeln, sozialen Verhältnisse und kulturellen Muster nicht zu unterschätzen sind.

Das Fahrrad symbolisiert spätestens seit dem Beginn des 20. Jahrhunderts die Verheißung von beschleunigter individueller Mobilität, von Macht über Zeit und Raum. Es hat einen hohen Gebrauchswert, ermöglicht das Ausleben von Distinktionswünschen und verspricht einen hohen Erlebniswert. Weil jedoch das Auto all dies auch symbolisiert, endete die Erfolgsgeschichte des Fahrrads abrupt in den 1950er Jahren, als die Massenautomotorisierung dem Zweiradindividualverkehr den Weg abschnitt. Fortan schien das Stahlross als wichtiges alltägliches Fortbewegungsmittel in Deutschland und anderen Industrieländern keine Zukunft mehr zu haben. Doch dann lief wider Erwarten etwas schief. Joachim Radkau vermerkt in seiner Weltgeschichte der grünen Bewegung: »Manches spricht dafür, dass die flächendeckende Machtergreifung des Autos die Umweltkatastrophe war, die der ›ökologischen Revolution‹ von 1970 vorausging – nach einer im engeren Sinne ökologischen Katastrophe, die der Auslöser hätte sein können, sucht man ja vergebens.«[8]

Im weiteren Verlauf der »ökologischen Revolution« kam das in die Keller und als Klapprad in die Pkw-Kofferräume verbannte, überwiegend nur noch von einkommensschwachen Leuten, Sportlern und Kindern genutzte Fahrrad dann wieder an die Oberfläche der Verkehrswelt. Vor allem rückte es ausgangs des 20. Jahrhunderts als willkommener Garant emissionsfreier Mobilität immer nachhaltiger in den Fokus von Umwelt-, Verkehrs-, Mobilitäts- und Tourismusexperten sowie eines wachsenden Teils der Bevölkerung. Inzwischen erfreut sich das aus dem Dornröschenschlaf erweckte »erste moderne postfossile Fortbewegungsmittel« steigender Wertschätzung.[9] In einigen europäischen Ländern mehr, in anderen weniger. Radverkehrsförderung ist jedenfalls kein Fremdwort mehr für politische Entscheidungsträger auf allen Ebenen. Sie gilt als imagefördernd und als wichtiger Faktor für die ökologisch »korrekte« Stadt- und Tourismusentwicklung. Generell wird schon aufgrund des Wertewandels der postmodernen Gesellschaft (Individualisierung, Lifestyle-Orientierung usw.) ein anhaltendes Wachstum des Radverkehrs erwartet. Kann das postfossile Fortbewegungsmittel womöglich eine endlose Erfolgsgeschichte schreiben?

Die Zeiten, in denen unter Mobilsein überwiegend die physische Bewegung von Menschen und Gütern im Raum verstanden wurde, sind offensichtlich passé. Im Alltag bewegen wir uns

Til Mette: »Yes!«

zwar nach wie vor physisch zwischen unterschiedlichen Orten, wir nutzen dabei aber zunehmend mediatisierte Kommunikationsformen. Spätestens seit der massenhaften Verbreitung der 2007 in den Handel gekommenen Smartphones lässt sich die physische Mobilität ohne die kommunikative Mobilität kaum mehr denken, und das dürfte auch für die Zukunft des Radfahrens von einiger Tragweite sein.

Die Idee für dieses Buch entstand nicht im Sattel, sondern während der Recherchen für meine Studien über das Automobil und den Fußgänger.[10] Sie entzündete sich auch an meinem regionalhistorischen Interesse – meine Heimatstadt Bremen mauserte sich früh zu einer Radfahrerhochburg. Bereits 1897 ertönte auf einem Bundestreffen das Lob: »Wohl in keiner Stadt Deutschlands sind die Radfahrer so human behandelt worden, wie hier in Bremen«[11]. 1979, ein knappes Jahrhundert später, wurde in der Hansestadt der Allgemeine Deutsche Fahrrad-Club (ADFC) gegründet, der hier auch seinen Sitz hat. Er wirkt inzwischen lobbyistisch auf allen politischen Ebenen und vermittelt seine Positionen und Forderungen zur Radverkehrsförderung über sämtliche medialen Kanäle, aber auch durch Fachtagungen und Messen.[12] Nicht zu vergessen, in Bremen hat der Radverkehr bereits einen Anteil von über 26 Prozent aller zurückgelegten Wege; er liegt höher als in jeder anderen deutschen Großstadt mit mehr als 300 000 Einwohnern.

Über das Fahrrad und die Fahrradmobilität gibt es schriftlich, bildlich und filmisch fixierte Informationen in Hülle und Fülle. Allein die Menge der deutschsprachigen Bücher, Fachzeitschriften, journalistischen Beiträge aller Art, Forschungsberichte usw. ist kaum mehr überschaubar. Von den im Internet zugänglichen Informationen und unzähligen Blogs ganz zu schweigen.[13]

Im Prinzip sind wir über alle Aspekte des Fahrrads und des Radfahrens seit dem Aufkommen der Laufmaschine im Jahre 1817 hinlänglich informiert. Und das gilt insbesondere, wenn die fremdsprachigen Veröffentlichungen mit in den Blick genommen werden.[14] Aus streng wissenschaftlicher Sicht gibt es freilich noch ausreichend Forschungsbedarf. Zwar nicht im Hinblick auf die Technikgeschichte, sie ist seit Längerem so gut wie umfassend ausgeleuchtet und um Fehleinschätzungen bereinigt worden.[15] Die Sozial- und Kulturgeschichte des Fahrrads aber wurde hierzulande – anders als etwa in Großbritannien – bislang eher sporadisch untersucht.[16]

Nun kann ich mich nach der Lektüre insbesondere jüngerer Publikationen zur Fahrradgeschichte und auch einschlägiger Informationen im Internet des Eindrucks kaum erwehren, dass zahlreiche Urheberinnen und Urheber eine gewisse kritische Distanz gleichsam fahren lassen, wenn sie die Spur des Zweirads aufnehmen. Dass es seit seinem ersten Inverkehrbringen im frühen 19. Jahrhundert nur ein Verkehrsmittel von mehreren war und es heute umso mehr ist, gerät ihnen häufig ebenso schnell aus dem Blick wie die schlichte Tatsache, dass die menschlich natürlichste und ursprünglichste Art, sich fortzubewegen und individuell mobil zu sein, auf zwei Beinen ohne Räder erfolgt. Jeder gesunde Mensch auf Mutter Erde ist kein geborener Zweirad- oder Autofahrer, sondern Fußgänger – zumal dann, wenn es um Orte für Bedürfnisse geht, die auch der sprichwörtliche König zu Fuß ansteuert.[17] Für Fußgänger sind Radfahrer übrigens keine vorbehaltlos beliebten Verkehrsteilnehmer – das rüpelhafte Verhalten gewisser Cyclisten auf den Trottoirs und ausgewiesenen Fußwegen ist seit 1817 ein Dauerbeschwerdethema.

Insbesondere gibt mir die anhaltende, bereits 1997 auf einer Fahrradhistorischen Tagung von dem Soziologen Manfred Schubert kritisierte Tendenz zu denken, »alle möglichen Erscheinungen des jeweiligen Zeitgeistes, Lebensgefühls und des sozial-strukturellen und politischen Wandels mit der Entwicklung und Verbreitung eines neuen technologischen Standards für Fahrräder in Verbindung« zu bringen.[18] Aus meiner Sicht existieren in der Tat einige Legenden, die so nicht stehen bleiben sollten. Etwa die von der viel frequentierten *Wikipedia* frei Haus gelieferte Behauptung, die Fahrradkultur hätte »der Arbeiterklasse zu ihrer Unabhängigkeit« verholfen »und im Besonderen der von Frauen«.[19] Auch die wie in Stein gemeißelte Erzählung vom Fahrrad als »Vater des Automobils« (H. E. Lessing) verdient eine kritische Hinterfragung.

Als die Niederräder vor gut einem Jahrhundert in immer mehr Haushalten willkommen geheißen wurden, ging den Technikern der Fahrradfabriken gewiss nicht die Puste aus. Einzelne Komponenten des Geräts sind kontinuierlich weiterentwickelt bzw. durch neue Technologien wie etwa Radnabendynamos abgelöst worden. An der typischen Grundform des Niederrads mit der optimalen Sattel- und Tretlagerposition hat sich jedoch bislang kaum etwas geändert. Dass sie bis in alle Ewigkeit relativ unverändert bleiben wird, würde ich nicht beschwören. Allerdings hat das auch bereits im frühen 20. Jahrhundert ins Rollen gekommene Liegerad bis heute keine nennenswerten Marktanteile gewinnen können – obwohl es für Menschen, die ausschließlich mit ihrer Muskelkraft enorm viel bewirken wollen, das Nonplusultra sein dürfte. Mit vollverkleideten Liegerädern können von Rekordsüchtigen bei Sprints Geschwindigkeiten von über 130 km/h erzielt und bei Zeitfahrten in einer Stunde über 90 km zurückgelegt werden.[20]

Das uns heute so vertraut anmutende Fahrrad hat diverse mehr oder weniger sichtbare in ihm verbaute Funktionsteile und Funktionsweisen, die – wie etwa die Nabenschaltung oder Steuersätze – alles andere als leicht zu verstehen sind. Ich gehe auf Bauteile, Zubehör und Problemlösungen im letzten Kapitel ein.

Genug der Vorrede. Ich beschließe sie mit dem Gedicht *Radlers Seligkeit* zur Einstimmung auf das erste Kapitel. Es stammt aus der Feder von Richard Dehmel (1863–1820) und benötigt keinen Kommentar:

Wer niemals fühlte per Pedal,
dem ist die Welt ein Jammertal!
Ich radle, radle, radle.

Wie herrlich lang war die Chaussee!
Gleich kommt das achte Feld voll Klee.
Ich radle, radle, radle.

Herrgott, wie groß ist die Natur!
Noch siebzehn Kilometer nur.
Ich radle, radle, radle.

Einst suchte man im Pilgerkleid
den Weg zur ewigen Seligkeit.
Ich radle, radle, radle.

So kann man einfach an den Zehn
den Fortschritt des Jahrhunderts sehn.
Ich radle, radle, radle.

Noch Joethe machte das zu Fuß,
und Schiller ritt den Pegasus.
Ick radle![21]

Eine geniale Maschine

Das seit gut einem Jahrhundert mit den für einen guten Lauf notwendigen Errungenschaften Kugellager, Tangentialspeichen, Luftreifen, nahtlosen Rohren und Freilauf ausgestattete Niederrad kann eines nicht: Wind und Wetter ungeschehen machen. Ansonsten ist es eine bisher unübertroffen geniale Fahrmaschine, die uns neben dem Zufußgehen die einfachste und natürlichste Art gewährt, vom Fleck zu kommen. Der Mensch verbrennt beim »Pedalieren« ausschließlich das körpereigene Fett und benötigt keine fossilen Brennstoffe – und eben weil das mit Muskelkraft betriebene Rad keine stinkenden Abgase, kein klimaschädliches CO_2 und keinen Feinstaub ausstößt, gilt es aus ökologischer Sicht als einfach geniale Maschine. In den innerhalb der historisch noch jungen Disziplin Ökologie entwickelten Konzepten postfossiler Mobilität erfährt das Vehikel eine entsprechend große Wertschätzung als »erstes modernes postfossiles Fortbewegungsmittel« überhaupt.[1] Unter postfossiler Mobilität werden Ortsveränderungen von Personen, Informationen und Gütern verstanden, deren Bewegung und Beweglichkeit durch erneuerbare Energieträger, eine hohe Energieeffizienz sowie durch Körperkraft zustande kommen.

Das klassische Fahrrad hat einen deutlich kleineren ökologischen Fußabdruck als motorisierte Fahrzeuge.[2] Es gilt inzwischen als Garant einer klima- und stadtverträglichen Mobilität – in der EU gibt es kaum noch eine bedeutende Stadt, in denen mit fossilen Treibstoffen angetriebene Kraftfahrzeuge das alleinige Kriterium für die Verkehrsplanung in bestehenden und neuen Vierteln sind. Im Übrigen schreibt, wie der Sozialphilosoph George Herbert Mead (1863–1931) mit Fug und Recht anmerkte, »jede Generation ihre Geschichte neu«, denn »ihre Geschichte ist die einzige, die sie von der Welt hat«.[3] Was die in diesem frühen 21. Jahrhundert an die politischen Stellhebel drängenden jungen Leute umzuschreiben gedenken, ist keine Kleinigkeit. Die Projektgruppe »Radlust« der Universität Trier verkündete 2007:

> »Wir sind die neue Generation. Wir werden uns die Freiheit nehmen, ausgetretene Wege zu verlassen. […] Wir nehmen den Klimaschutz als Herausforderung an und pfeifen auf die Frustrationen einer immer unbeweglicheren Staugemeinschaft. Wo auch immer wir mal Verantwortung tragen werden, als Bürgermeisterin, Unternehmer, Ministerin oder Vorstandsmitglied, wir leisten unseren Beitrag zur nachhaltigen Gestaltung unserer Städte und der Umwelt. Wir lernen von den Fehlern unserer Vorgänger, wir sind flexibel und innovativ. Wir wollen neue Wege einschlagen, eine Mobilität fördern, die Lebensfreude und Vielfalt in unsere Städte bringt.«[4]

Und was heißt das konkret? – Die Aktivistin Angela Lieber formuliert es so: »Wir stoßen eine neue Rad-Kultwelle an. Als Visionäre. Mit Begeisterung und Motivation leben wir unsere RADLUST aus. Immer und überall sitzen wir im Sattel. Radfahren ist Trend. Sportlich, innovativ, individuell und dynamisch. Aus purer Lust. Aus Eigensinn und Gemeinsinn. Wir nützen uns, wir nützen der Stadt, wir nützen der Umwelt. Mit Leidenschaft und Begeisterung. Wir machen den Weg frei. Für eine bessere Zukunft.«[5]

Apropos Zukunft: »Es wird [2023] keine konventionellen Räder mehr geben – außer in der kleinen Nische im Spitzensport, mit Mountainbike- und Straßenrennen. Aber 95 Prozent aller Anwendungszwecke von Fahrrädern werden elektrisch sein. Wer jetzt noch mit einem normalen Rad zur Arbeit fährt, wird das in fünf Jahren spätestens mit einem Elektrofahrrad machen. Definitiv.«[6] So lautet die Prognose des Unternehmers Helge von Fugler. Wenn er recht behält, wirft die viel beschworene Elektromobilität gerade das seit zweihundert Jahren ausschließlich mit Körperkraft praktizierte Laufrad- und Fahrradfahren aus dem historischen Rennen. Und damit nicht zuletzt die geniale Eigenschaft der genial flexiblen Maschine, unabhängig von Kraftwerken bzw. Steckdosen betrieben werden zu können.[7]

Das Fahrrad symbolisiert ein anderes Denken, das hoffentlich im Zuge der immer rascher vorangetriebenen technischen Durchdringung aller Lebensbereiche nicht in Vergessenheit gerät. Es ist so genial wie »konvivial«. Der Philosoph und Theologe Ivan Illich (1926–2002) bezeichnet eine Maschine als konvivial, wenn sie uns die eigene Energie und Körperkraft sinnvoll anwenden lässt, gut kontrollierbar und leicht zu bedienen ist und dabei unsere physische und psychische Gesundheit nicht zerstört. »Das Fahrrad«, so unterstreicht Matthias Schmid, »verkörpert das menschliche Maß der Bewegung: Es ist leichter als der Mensch, kleiner als er, es gehorcht seinem Willen.«[8] Und das in stets erweiterten Varianten und einer nach oben hin offenen Typenvielfalt – die Bandbreite reicht vom City-Bike über das Trekking-, Holland- und Rennrad, Liegerad, Singlespeed bzw. Fixie, Mountain-, BMX- und Fatbike bis hin zu Vintage-Retro-Cruisern, Falträdern, Pedelecs und E-Bikes. Velotaxis, Lastenräder vielfältiger Bauart, Dreiräder und sogenannte Conferencebikes (mit vielen im Kreis sitzenden Radlern) sind allerdings nicht garantiert leichter als die sie nutzenden Menschen.

Neben ihrer Umweltfreundlichkeit – gesundheitsgefährdenden Lärm erzeugt sie bekanntlich auch nicht – kann die geniale Maschine mit Qualitäten auftrumpfen, die so unglaublich wie menschenfreundlich sind. Ivan Illich hob sie 1974 in seinem *Narrenlob« des Fahrrads* unnachahmlich so hervor:

»Auf dem Fahrrad kann der Mensch sich drei- bis viermal schneller fortbewegen als der Fußgänger, doch er verbraucht dabei fünfmal weniger Energie. Auf flacher Straße bewegt er ein Gramm seines Gewichts einen Kilometer weit unter Verausgabung von nur 0,15 Kalorien. Das Fahrrad ist der perfekte Apparat, der die metabolische Energie des Menschen befähigt, den Bewegungswiderstand zu überwinden. Mit diesem Gerät ausgestattet, übertrifft der Mensch nicht nur die Leistung aller Maschinen, sondern auch die aller Tiere. [...] Das Fahrrad erhob die autogene Mobilität des Menschen in eine neue Ordnung, jenseits derer ein Fortschritt theoretisch kaum noch möglich ist. [...]

Fahrräder sind nicht nur thermodynamisch effizient, sie sind auch billig. [...] Die Ersparnis, die sich aus einem Vergleich der Kosten für die zur Ermöglichung des Fahrradverkehrs notwendigen öffentlichen Einrichtungen mit dem Preis für eine auf hohe Geschwindigkeiten abgestimmte Infrastruktur ergibt, ist noch größer als der Preisunterschied zwischen den bei beiden Systemen verwendeten Fahrzeugen. Beim Fahrradsystem sind befestigte Straßen nur an bestimmten Punkten mit dichtem Verkehr vonnöten, und Menschen, die von Wegen mit festem Belag weiter entfernt wohnen, sind damit nicht automatisch isoliert, wie sie es wären, wenn sie von Autos oder Zügen abhängig sind. Das Fahrrad hat den Radius des Menschen erweitert, ohne ihn auf Straßen zu verbannen, auf denen er nicht laufen darf. Normalerweise kann er das Fahrrad dort schieben, wo er nicht fahren kann.

Das Fahrrad benötigt auch wenig Raum. Achtzehn Fahrräder können auf der Fläche geparkt werden, die ein Auto beansprucht, dreißig Räder können auf dem Raum fahren, den ein einziges Automobil braucht. Es werden zwei Fahrspuren einer gegebenen Breite benötigt, um 40 000 Menschen mit modernen Zügen innerhalb einer Stunde über eine Brücke zu befördern, vier um sie in Bussen zu fahren, zwölf um sie in Pkw zu befördern und wieder nur zwei, um auf Fahrrädern hinüberzuradeln. Unter all diesen Fahrzeugen erlaubt nur das

Fahrrad dem Menschen wirklich, von Tür zu Tür zu fahren, wann immer, und über den Weg, den er wählt. Der Radfahrer kann neue Ziele seiner Wahl erreichen, ohne daß sein Gefährt einen Raum zerstört, der besser dem Leben dienen könnte«[9].

Wie genial das Niederrad ist, stellt sich spätestens beim Pedalieren auf einem der perfektionierten Modelle unserer Tage heraus – sie ermöglichen eine mehr als vierfach schnellere Fortbewegung und haben durch ihre ausgeklügelte Mechanik einen überdurchschnittlichen Wirkungsgrad. Wirkungsgrad? Michael Gressmann erläutert ihn in seinem Grundlagenwerk der *Fahrradphysik und Biomechanik* so:

»Der menschliche Motor als Antriebsmaschine für das Fahrrad führt dem System – also auch sich selbst – eine bestimmte Energiemenge zu. Nur ein Teil davon kommt als ›Nutzarbeit‹ zum Einsatz; ein großer Teil geht verloren durch Erwärmung des Körpers, Transpiration, Transportarbeit für den Muskeltreibstoff, Stoffwechselarbeit. Das sind die physiologischen Verluste, die wir mit 75 % der zugeführten Energie annehmen. Es verbleiben also für die Nutzarbeit nur noch 25 % zur Überwindung der äußeren Widerstände. [...] Zu den physiologischen Verlusten kommen noch mechanische hinzu: Kraftverluste durch falsche Sitzposition, Fahrfehler, ›unrunden Tritt‹, Lager- und Kettenreibung u. a. m. Trotzdem kann man sagen, dass das Fahrrad von allen Fahrzeugen den besten Wirkungsgrad hat.«[10]

Zwischen Rad und Radlerin oder Radler gibt es nur drei Kontaktstellen: Sattel, Lenker und Pedale. Wer sie unterschätzt, wird bei längeren Touren eine größere Leidensfähigkeit aufbringen müssen als Enthusiasten, die durch die richtige Lenker-, Sattel-, Sitzpositions-, Schuh- und Pedalwahl belastungsfreier fahren. Das gut eingestellte Fahrrad ist eine geniale Maschine, weil sie unsere Muskelkraft auf Straßen und Wegen so gut und intelligent wie keine andere einsetzt. Gressmann verdeutlicht: »Der Radfahrer sitzt im Sattel und erspart so den Beinmuskeln, den Körper zu unterstützen. Sein Körpergewicht wird von den beiden Laufrädern aufgenommen. Es wird *nicht* wie beim Fußgänger von der Stützmuskulatur in einer aufrechten Position gehalten und dauernd auf und ab bewegt. Beim Gehen und Laufen wird sehr viel isometrische Arbeit verrichtet, die sich in keiner äußeren Wirkung zeigt und damit für die Fortbewegung verloren ist. Hinzu kommen noch andere Vorteile. Die Hubarbeit der Beine ist beim Radfahren geringer. Außerdem verursachen beim Gehen und Laufen die unelastischen Stöße der Füße gegen den Boden Schwingungen, die zum Teil als Wärme verloren gehen.«[11]

Die durch den guten Wirkungsgrad ermöglichte »einzigartige Mühelosigkeit« des Radfahrens hat Uwe Timm in seinem Roman *Der Mann auf dem Hochrad* trefflich wie folgt veranschaulicht: »So muß beispielsweise eine Maus, um einen Kilometer zurückzulegen, pro Gramm ihres Eigengewichts eine Energie von mindestens 160, die etruskische Hausmaus sogar 380 Joule aufbringen, wobei ein Joule rund 0,24 Kalorien entspricht. Schmeißfliegen und Ratten benötigen für dieselbe Strecke 60 Joule, Hasen und Hubschrauber 15, Hunde und Passagierflugzeuge 6, Kühe und Autos 3,3, Fußgänger und Pferde 3, der Lachs, ein äußerst ökonomisches Tier, 1,7, und an der Spitze der Wirtschaftlichkeit steht allein und unangefochten mit nur 0,6 Joule der Radfahrer.«[12]

Fahrradfahren ist eine großartige Sache, keine Frage. Die Krankenkassen bestätigen das aus einschlägigem Interesse nur zu gern (drei in den Radverkehr investierte Euro erzeugen fünf weniger für sie an Aufwendungen): »Wenn Sie mit dem Rad fahren, dann bekommen Sie einen knackigen Po; produzieren Sie keine schädlichen Treibhausgase; sparen Sie Geld; stärken

Sie Herz und Rücken; beugen Sie Übergewicht, Bluthochdruck und Diabetes vor; bauen Sie Stresshormone ab.«[13]

Auch in der Welt der medialen Zeitgeistbeschwörungen kommt der Drahtesel gewiss nicht als störrischer Verkehrsteilnehmer daher: »Autofahren war gestern. Heute ist das Rad das Fortbewegungsmittel der Wahl«, ließ zum Beispiel der Berliner *Tagesspiegel* 2012 wissen. Eine »strukturierte Argumentationshilfe« für all diejenigen, denen das Radfahren »zum politischen Programm« geworden ist, lieferte er gleich mit:

»Radfahren ist praktisch. Nie wieder Parkplatzsuche. Stau ist dieses Dings, an dem man winkend vorbeifährt. Für die meisten Strecken innerhalb mittlerer Städte […] ist das Rad das schnellste Fortbewegungsmittel. […] Radfahren ist günstig. Anschaffung, Reparatur, Versicherung – alles kostet nur den Bruchteil dessen, was es beim Auto kostet. […] Das Fahrrad steht für einen urbanen, modernen und ressourcenschonenden Lebensstil und die unterschiedlichen Typen lassen längst eine feinjustierte Selbstdarstellung zu: Das Hipster-Rennrad ersetzt den Porsche Americana, das Lastenfahrrad den Volvo Kombi, die Gazelle den Saab 900 Cabrio, Baujahr 1986, schwarz.«[14]

Die Frage, wie viel günstiger die geniale Maschine im Vergleich mit einem in der Anschaffung und bei den Betriebskosten viel teureren Auto ist, treibt Verkehrsforscher seit Längerem zu Untersuchungen an. Gregor Trunk und Michael Meschik vom Wiener Institut für Verkehrswesen haben 2011 einen gesamtwirtschaftlichen Vergleich von Pkw- und Radfahrten im Stadtverkehr präsentiert, der überraschende Aufschlüsse vermittelt. In ihre Bilanz flossen neben den internen Kosten, die das Individuum selbst tragen muss, auch die externen wie etwa Gesundheitsschäden ein, die der Gesellschaft aufgebürdet werden. Umgerechnet auf einen Kilometer kamen die Wissenschaftler bei ihrer Kalkulation zu folgenden Ergebnissen: Bei den Betriebskosten (Anschaffung, Unterhalt, Reparaturen, Parken und Kraftstoff) ergaben sich für das Fahrrad 10,2 Cent und den Pkw 38,3 Cent.

Bei den Folgekosten von Unfällen erweist sich das Rad hingegen als nicht so genial. Weder bei den nicht von der Krankenversicherung getragenen außermedizinischen Kosten, etwa dem Wert des ökonomisch durchaus quantifizierbaren menschlichen Leids, noch den internen Unfallkosten. Die Radfahrerinnen und Radfahrer kommen auf einen Wert von 6,3 Cent, die Automobilisten hingegen auf deutlich geringere 1,4 Cent pro Kilometer. Was Wunder: Die Unfallfolgen für Insassen der heutzutage sehr viel Schutz gewährenden Pkw sind innerorts entschieden weniger schwer als für die dem Kraftverkehr ohne schützende Sicherheitszellen ausgelieferten Pedalisten.[15] Anders formuliert: solange das Automobil in den Städten Vorfahrt genießt und das Verkehrsgeschehen dominiert, werden die Pedalisten bei Unfällen zwangsläufig die schlimmeren Verletzungen erleiden. Einige Abhilfe könnte neben dem Ausbau verkehrsberuhigter Zonen z. B. ein generelles Tempolimit in Ortschaften von 30 km/h leisten – zu dem sich aber die Politik in vielen Ländern trotz besseren Wissens noch nicht durchgerungen hat. Die Autoindustrie entwickelt im wohlverstandenen Eigeninteresse Systeme, die Fußgänger und Radfahrer automatisch erkennen und bei Gefahr eine automatische Vollbremsung einleiten sollen.

Die naheliegende Vermutung, dass eine geniale Maschine in der Wechselwirkung mit sehr aktiven »Reitern« nicht zuletzt Veränderungen der Persönlichkeitsstruktur bewirkt, geht nicht fehl. Das bezeugen zahlreiche Erfahrungsberichte wie etwa *Von der Liebe zum Radfahren*, *Vom Glück auf zwei Rädern*, *Auf dem Rad. Eine Frage der Haltung*, *Ich lenke, also bin ich*, *Lob des Fahrrads*.[16] In der schönen Literatur hat vor allem der irische Autor Flann O'Brien (1911–1966) diesen Aspekt wunderbar verewigt. In seinem 1967 postum publizierten, subversiven Roman *Der dritte Polizist* schwadronieren die Sergeants unentwegt über Fahrräder, und dabei spielt auch die Osmose zwischen Mensch und Metall eine Rolle. Ein Sergeant erklärt dem Erzähler: »Das

Brutto- und Nettoresultat davon ist, daß die Persönlichkeit von Menschen, die die meiste Zeit ihres natürlichen Lebens damit verbringen, die steinigen Feldwege dieser Gemeinde mit eisernen Fahrrädern zu befahren, sich mit der Persönlichkeit ihrer Fahrräder vermischt – ein Resultat des wechselseitigen Austausches von Atomen –, und Sie würden sich über die hohe Anzahl von Leuten in dieser Gegend wundern, die halb Mensch und halb Fahrrad sind. [...] Und Sie wären platt, wenn Sie wüßten, wie viele Fahrräder es gibt, die halb menschlich, die halbe Menschen sind, die zur Hälfte dem Menschengeschlecht angehören.«[17]

In O'Briens Roman finden sich einige Schätzungen zur Anteilsverteilung – ein Radfahrer namens O'Feersa etwa wird von dem Sergeant zwar nur als ein zu 23 Prozent aus Fahrrad bestehender Mann taxiert; der Briefträger jedoch ist ein ganz anderes Kaliber, kommt auf 71 Prozent: »Vierzig Jahre lang jeden Tag eine Runde von achtunddreißig Meilen mit dem Fahrrad, bei Hagel, Regen und Schneefall. Es besteht sehr wenig Hoffnung, ihn jemals wieder unter die Fünfzig-Prozent-Marke zu drücken.«[18]

Die in *Der dritte Polizist* häufig gestellte und im angelsächsischen Sprachraum schon fast kultische Frage: »Is it about a bicycle?« (Handelt es sich um ein Fahrrad?) griff der bedeutende britische Historiker Eric Hobsbawm (1917–2012) in seiner das 20. Jahrhundert spiegelnden Autobiographie *Gefährliche Zeiten* so auf: »Wenn physische Mobilität eine wesentliche Bedingung der Freiheit ist, dann war das Fahrrad vermutlich der großartigste Apparat, der seit Gutenberg erfunden wurde, um etwas zu erreichen, das Marx als die volle Verwirklichung der Möglichkeiten des Menschseins bezeichnet hat, und es war der einzige ohne offensichtliche Nachteile. Da Radfahrer mit einer Geschwindigkeit fahren, die der der menschlichen Reaktionen entspricht, und nicht durch eine Glasscheibe vom Licht, der Luft, den Geräuschen und Gerüchen der Natur isoliert werden, gab es in den dreißiger Jahren des 20. Jahrhunderts – vor der Explosion des Verkehrs von Motorfahrzeugen – keine bessere Methode, ein nicht allzu großes Land mit einer erstaunlich schönen und abwechslungsreichen Landschaft zu erkunden.«[19]

Die geniale Maschine wird in diesem zweiten Dezennium des 21. Jahrhunderts – trotz des allgegenwärtigen Kfz-Verkehrs – von vielen in der Freizeit und im Urlaub wieder für Landschaftserkundungen herangezogen und ist gerade auf dem besten Wege, auch in all den Städten das Verkehrsgeschehen erneut zu prägen, die die Fahrradmobilität gezielt fördern. Die von Hobsbawm als »wesentliche Bedingung der Freiheit« thematisierte physische Mobilität hat mit dem Fahrrad ein »buchstäbliches« Fahr- und Erfahrungsmittel gewonnen, und der viel in Wien radelnde Redakteur Werner Mauch schwelgt:

»Es ist das leise Schmatzen der satt aufgepumpten Pneus auf dem Asphalt, das dezente Surren der sauber geölten Kette, das aktuelle Wetter auf meinen Wangen, die leicht erhöhte Körpertemperatur, der längst vertraute Weg durch die Stadt, das unaufhaltsame Vorwärtskommen, das unbeschwerte Schweben auf zwei Rädern, der nach vorne gerichtete Blick durch die Sportbrille, das Gassenwerk vor meiner Lenkstange als unentwegtes Kino, das Brennen in den Oberschenkeln, wenn es bergauf geht, das Aufatmen, wenn es bergab geht, das Wechselspiel der Gerüche, Häuserfassaden, der Licht- und Verkehrsverhältnisse. Es ist: Das Gefühl, frei zu sein.«[20]

Das Fahrrad erweist sich zumal für Artisten und Waghalsige als geniale Maschine. Seit 1869, um genau zu sein, denn damals erfolgte die erste Überquerung der Niagarafälle per Rad auf einem Drahtseil. Fahrradakrobaten eroberten am Ende des 19. Jahrhunderts die Jahrmärkte, Zirkusse und Varietés. In Deutschland etwa die Hochseilartisten der Familien Traber und Weisheit. Jonglerie auf Einrädern inbegriffen. Nicht zu vergessen das faszinierende Kunstradfahren, das seit mehr als hundert Jahren als international betriebene Wettkampfsportart von sich reden macht.[21]

Es gibt viele Arten, die geniale Maschine einzusetzen, und es gibt heute viele Arten von Fahrrädern. »Aber es gibt nur eine Art der Fortbewegung«, statuiert der Philosoph Konrad Paul Liessmann, »die der platonischen Idee des Fahrrades so nahe kommt, dass die erfahrene Wirklichkeit zum exemplarischen Abbild eines unvergänglichen Urbildes wird: das Fahren mit dem Rennrad.«[22] Allein in der Bundesrepublik dürften den Statistikern zufolge gut fünfeinhalb Millionen Rennradfahrer unterwegs sein. Sie fasziniert womöglich genau das, was Liessmann in seiner wortgewandten »Hommage an das Rennrad« aufscheinen lässt:

»Alle Kunst aber, alles Schöne beginnt dort, wo jeder Zweck aufhört. Erst wenn das Fahrrad weder Transporthilfe noch Verkehrsmittel ist, erst wenn es ganz zu sich gekommen ist und bei sich sein kann, tritt es in einer Reinheit in Erscheinung, die auch nicht durch den Schweiß desjenigen getrübt werden kann, der sich seinen zweckfreien Imperativen überlässt. Und diese lauten: gleiten, klettern und: mit hoher Geschwindigkeit hinabtauchen in die Tiefen des Seins. Form ist ein anderes Wort für den zweckfreien Zweck. Das Rennrad in seiner seit Jahrzehnten nahezu unveränderten klassischen Gestalt kommt dieser Idee von Form nahe wie kein anderes Vehikel. Rahmen, Lenker, Laufräder, Schaltung, Bremsen, Sattel: Mehr bedarf's nicht. Was immer dazukommt, ist ein Zuviel. […] Der oft geschmähte Konservatismus des Rennrades gründet in der Vollkommenheit seiner Gestalt. Und diese wiederum ist Ausdruck seines zentralen Prinzips: Leichtigkeit. Dass es nach nichts aussieht und noch weniger wiegt, charakterisiert dieses Rad. Alles was an ihm teuer ist, verbirgt sich dem Laien, öffnet sich nur dem Kenner: Material und Behandlung des Rahmens, die Verarbeitung der Muffen, die Form der Gabel, die Komponenten der Schaltung. Hinter dem Unscheinbaren verbirgt sich edelstes Material: Stahl,

Tour de France 1906

Aluminium, Carbon. Das Rennrad ist reine Mechanik, Kraftübertragung durch Präzision, und Puristen werden deshalb
nie elektronisch gesteuerte Schaltungen verwenden. Einziger
Tribut an das Zeitalter der Mikroelektronik ist der Fahrradcomputer, ein unerbittliches Medium der Selbstreflexion.«

Nicht zu vergessen: »Mit dem Rennrad kleine Ausflüge zu machen, ist ohnehin ein Unding. Fahrten von ein, zwei Stunden
und alles was unter 100 Tageskilometern liegt, gelten als Training. Die eigentliche Lust beginnt, wenn man den ganzen Tag
im Sattel sitzt und der Fahrradcomputer jenseits der 100-Kilometer-Marke zu zählen beginnt.«[23]

Am Ende des 19. Jahrhunderts galt das Fahrrad als Symbol des
Fortschritts, der Geschwindigkeit und der Dynamik. In den Kaffeehäusern der Metropolen bildete sich eine eigene Subkultur
rund um die dort verkehrenden Radsportler, Radrennveranstalter, Künstler, Journalisten und Fans. In Paris glänzte in dieser

Hinsicht das Pariser Café de l'Espérance – insbesondere nach dem ersten Startschuss des härtesten Radrennens der Welt, der seit 1903 ausgerichteten Tour de France. Auf ihr fahren nach wie vor alljährlich drei Wochen lang die Profis an einem Tag bis zu 200 km lange Strecken, die auch über quälend hohe Gebirgspässe führen – bergab erreichen sie dabei Geschwindigkeiten von über 100 km/h. Wenn sie die Tour unfallfrei überstanden und wie etwa Lance Armstrong zwischen 1999 und 2005 wie magisch gewonnen haben, zählt freilich nicht nur jede Sekunde, sondern auch der Befund der Doping-Kontrolleure. Lance Armstrong, Jan Ulrich und weitere Teilnehmer mussten ihre Titel wieder abgeben. Der Philosoph Peter Sloterdijk resümiert: »Plötzlich ist der Schleier hochgezogen, und man sieht keine Kämpfer mehr, nur noch Radproletarier bei einem dubiosen Job. Die Poesie ist dahin, das Erhabene ist eingeebnet, die Fahrer sind plötzlich hundsgewöhnliche Berufstätige, sie leben nicht mehr in der Sphäre des Glanzes, sie sind nur noch Fachidioten für Sprinten, Rollen, Klettern. Noch ärger ist die Vulgarität, mit der ein früherer Tour-de-France-Sieger wie Bjarne Riis seine Enttarnung als Doper kommentierte: ›Das Gelbe Trikot liegt in einem Pappkarton in meiner Garage. Ihr könnt es abholen.‹«[24]

Als geniale Maschine betrachten nun auch Menschen das Gefährt, denen es vor allem ums leicht verdiente Geld oder um eine wirklich kostenlose Fahrgelegenheit geht. Mit oder ohne Bolzenschneider – jedenfalls sorgen sie für eine vielen Radelnden vertraute Schrecksekunde, nachdem sie erfolgreich zur Tat geschritten sind. Laut einer repräsentativen Studie waren immerhin mehr als ein Viertel der Bundesbürger (27 Prozent) schon Opfer eines Fahrraddiebstahls. »Besonders im Norden Deutschlands (31 Prozent) und in Nordrhein-Westfalen (32 Prozent) geben mehr Radfahrer als im Bundesdurchschnitt an, mindestens einmal bestohlen worden zu sein«,[25] wobei die Diebstahlrate in Großstädten wie Hamburg am höchsten ist, dort wird gut jedem Zweiten die vertraute Maschine gestohlen. Haben Sie schon Ihr Rad bei der Polizei durch eine Codierung registrieren lassen? Gut 20 Prozent der Drahteselbesitzer hierzulande haben das bereits getan, um den Langfingern den Weiterverkauf zu erschweren. Ob die neuartigen Rad-Alarmanlagen, die sich via Bluetooth-Sender mit dem Smartphone verbinden und mittels App auf Diebstahlversuche hinweisen bzw. die Ortung des entwendeten Zweirads ermöglichen, tatsächlich halten, was versprochen wird, muss die Zukunft zeigen. Das lästige Hantieren mit schweren Schlössern machen sie wohl nicht überflüssig.

Fahrraddiebe – so der Titel des klassischen Films von Vittorio De Sica – sind ein lästiges gesellschaftliches Übel. In dem 1948 gedrehten italienischen Sozialdrama verhelfen sie der genialen Maschine bemerkenswerterweise zu einer Art Filmhauptrolle als vom Plakatierer Antonio Ricci nach dem Diebstahl vergeblich gesuchtes Transportmittel. Nicht zu übersehen ist die geniale Maschine auch in zahlreichen anderen Filmen – als Symbol einer glücklichen Kindheit etwa in *Cinema Paradiso* (1988) von Giuseppe Tornatore und als Symbol der Emanzipation in *Das Mädchen Wadjda*, einem saudi-arabischen Film der Regisseurin Haifaa Al Mansour (2013). Der auf die Tour de France anspielende, dialogfreie französische Zeichentrickfilm *Das große Rennen von Belleville* (2003) wimmelt nachgerade vor Rennmaschinen.[26]

Was entsteht, wenn die in Frankreich liebevoll als »la petite reine« bezeichnete geniale Maschine unter den Allerwertesten von genialen Schriftstellern und Intellektuellen gerät, steht seit mehr als hundert Jahren in immer mehr Büchern und Sammlungen. Der radbegeisterte Samuel Beckett war neben dem gern zitierten Émile Zola nur einer von unglaublich vielen Autoren, die der Maschine gleichsam Sätze abgerungen haben.[27] Uwe Johnson (1934–1984) hat übrigens in seinem Werk *Das dritte Buch über Achim* eine der Hauptfiguren dem populären Rennfahrer »Täve« Schur, Amateurweltmeister und mehrfacher Gewinner der Friedensfahrt, nachempfunden.[28] Ach ja, auch die Werbetexter leisten zuweilen einen fabelhaften Eid auf die geniale Maschine. Eine Kostprobe will ich nicht schuldig bleiben: Die österreichische Waffenfabriksgesellschaft Steyr überraschte um 1898 mit dem »Märchen«:

»Es war einmal eine Prinzessin, die wollte durchaus nicht radfahren lernen. Alle ihre Brüder und Schwestern fuhren Rad, und sie schaute zu und neidete ihnen ihr Vergnügen. Sagte aber wer, sie könne es ja auch haben, dann sprach sie: ›Nein! Ich mag mich nicht plagen. Wenn ich mich plage, schwitze ich und werde roth. Dann bin ich hässlich. Bringt mir ein schönes Damenrad, auf dem ich mich nicht plagen muss mit dem Treten, das so von selbst läuft, ja erst dann werd' ich radfahren.‹ Man brachte ihr alle möglichen Räder.«

Wie das Märchen ausgeht, versteht sich von selbst. Auf ihre Frage: »Wie heißt das Damenrad, bei dem ich mich nicht zu plagen brauche?« lautet die erlösende Antwort: »Waffenrad.«[29] Es ist heute ein von Sammlern sehr begehrtes Gefährt.

Was entsteht, wenn die geniale Maschine auf geniale bildende Künstler trifft, lässt sich hingegen schwer in Worte fassen. Großes jedenfalls, wenn ich an das 1912 mit Öl auf Leinwand gebrachte *Radrennen* von Lyonel Feininger denke, oder an den 1942 von Pablo Picasso geschaffenen *Stierkopf*, der aus einem mit einem Sattel überraschend kombinierten Fahrradlenker besteht. Die von Ai Weiwei 2011 präsentierte raumgreifende Installation *Forever Bicycles* – bei der er 1200 Räder des chinesischen Herstellers Forever auf-, über- und nebeneinander stapelte – setzte übrigens zugleich ein Fragezeichen. Und zwar hinter die ökologisch bedeutsame Frage, ob die traditionell dominante Rolle des Fahrrads im chinesischen Verkehrsgeschehen aufrechterhalten werden kann. Die rasend schnell vorangetriebene Automobilisierung des Landes bleibt schließlich nicht folgenlos.

In Europa kommt die neu entfachte Mobilität mit der genialen Maschine vor allem in den im motorisierten Verkehr »ersti-ckenden« Städten tendenziell in die Erfolgsspur. Allerdings nicht als für viele alternativloses Transportmittel wie in der ersten Hälfte des 20. Jahrhunderts. Gegenwärtig spielt sie ihre Stärken unter ganz anderen Wohlstands-, Bildungs-, Vernetzungs- und Verkehrsbedingungen aus. Zum Beispiel im Rahmen von Fahrradleihsystemen, die zwar zunächst scheiterten (1965 in Amsterdam und 1978 auch die erste deutsche Aktion »kommunales Fahrrad« in Bremen), aber seit 1995 in zahlreichen europäischen Großstädten erfolgreich sind.[30] Hinzu kommt, so frohlocken wirtschaftsnahe »Zukunftsforscher«: »Das Fahrrad wandelt sich vom Fortbewegungsmittel und Sportgerät zum stylischen Statussymbol – Ausdruck eines gelassenen, individuellen Lebensgefühls. Der neue Kult eröffnet einen weiten Markt für praktische wie stilvolle Extras. Innovationen, die das Fahrradfahren attraktiver und sicherer machen, werden in den kommenden Jahren einen Markt anfeuern, der einen anhaltenden Boom erlebt. [...] Das Fahrrad lässt dabei das Image des reinen Transportmittels immer mehr hinter sich und wird zum geliebten Stilgegenstand. Für viele bekommt es die emotionale Bedeutung, die man einst Autos entgegenbrachte: Es wird gehegt, gepflegt und den persönlichen Vorstellungen angepasst. Der Wunsch nach Stil und Individualisierung lässt einen enormen Markt für Extra-Features und Fahrrad-Fashion entstehen, mit viel Raum für innovative Ideen.«[31]

Nüchtern formuliert: die geniale Maschine hat als »Lifestyle-Objekt« offenbar ein neuartiges ökonomisches Potential, häutet sich durch die der Postmoderne gleichsam eingeschriebenen »innovativen Ideen« zur Geldvermehrungsmaschine findiger Unternehmer. Ein Blick in auf Freizeit- bzw. »Outdoor«-Mode spezialisierte Ladenketten, in die Auslagen des Zweiradfachhandels und auf die wachsende Zahl der sogenannten Fashion-Blogs lässt daran keinen Zweifel.[32] Inwieweit so einige der offerierten Innovationen zweiradaffiner Hersteller, einschließlich immer neuer technisch (verspielter) Gadgets und Hervorbringungen wie etwa Halstücher, die durch ihren eingebauten Airbag den Fahrradhelm ersetzen, zweifelsfrei als solche zu werten sind, steht auf einem anderen Blatt.

Dass sich die geniale Maschine und die Mode gegenseitig befruchten, wussten schon die Akteurinnen und Akteure des ausgehenden 19. Jahrhunderts zu schätzen. Die von der damaligen Lebensreformbewegung stimulierten radbegeisterten Frauen scheuten selbst den gesellschaftlichen Tabubruch nicht, um ihre hinderlichen Korsetts und schweren Kleider einmotten und sportlichere Röcke, Pumphosen usw. anlegen zu können.

Dass eine überraschend wohldesignte Maschine genial sinnliche Reize entfalten kann, steht spätestens außer Zweifel, seitdem die Ehefrau eines französischen Diplomaten unter dem Pseudonym Emmanuelle Arsan ihre dann weltberühmten Erotikromane publizierte. In einem ihrer Werke ärgert sich der Jugendliche Christopher darüber, dass seine Schwester Isé mit den Freunden Orange und David mit dem Fahrrad zur Schule aufgebrochen ist, ohne ihm auf Wiedersehen zu sagen.

»Diese glitzernden Fortbewegungsmittel raubten ihm ihre Gesellschaft ein bißchen zu sehr, dachte er zornig. Er würde ein Mittel gegen diesen Mißbrauch finden müssen. Aber was? Er durfte auf keinen Fall, überlegte er, die Räder außer Betrieb setzen: Seinen Freunden lag zuviel an ihnen.«

Und warum? Arsan fährt fort: »Nicht ohne Grund, denn die Schönheit dieser Stahlrösser gehörte zu den Reizen, die fleischliche Gelüste wecken können. Das gleiche Modell, in passenden Emailtönen (perlmutt für Orange, orange für David), die Rahmen (die genau der Länge ihrer Beine entsprachen) aus dünnen Stahlrohren, deren Winkel, Größe und Proportionen einen Träumer aus der Stadt unwillkürlich an Steppentiere erinnerten, die alle Muskeln spannen und zum Sprung ansetzen. Die Gabeln aus Leichtmetall ließen dagegen an verwundbare Fesseln denken. Und die unsichtbaren Gelenke fanden ganz ähnlich ihr paradoxes Gegenstück in den Felgen, in denen sich die Verfeinerung und Verletzlichkeit dieser Vehikel ausdrückte. Abgesehen davon, daß sie mit sehr schmalen Reifen bestückt waren, bestanden sie nicht etwa aus Duraluminium oder einem anderen Leichtmetall, womit selbst die Champions zufrieden sind, sondern aus feinsten, aufeinandergeleimten Holzplättchen, wie man sie für Tennisschläger oder Skier benutzt. Das minimale Gewicht und die Elastizität dieses Materials sollten das Risiko aufwiegen, daß es in einem Schlagloch oder an einem Felsbrocken zerschellte. Seine bedrohte Eleganz bot auf jeden Fall einen ausgezeichneten Vorwand für die penible Pflege, die Orange und David ihren Fahrrädern angedeihen ließen. All das und andere Raffinessen – die italienischen Naben mit dem breiten Flansch, die Pedale mit Fußbügeln, die Schaltung mit fünfzehn Gängen, die Rennbremsen, die schwarzbezogenen Sättel, die sinnliche Wölbung der Lenkstangen, die in Futteralen aus Glacéleder steckten – reizten die Heranwachsenden jedoch weniger als die Tatsache, daß sie ihren sportlichen Appeal dem Komfort der Mopeds vorgezogen hatten, die ihre Eltern ihnen damals anboten.«[33]

Wie viele Angehörige meiner um 1950 geborenen Generation waren mir nach vielen Radfahrten bis zum 16. Lebensjahr industrielle Offerten wie das Mofa (ich präferierte das mit Pariser Flair aufwartende Vélosolex) lieber als ein Rad. Als ich endlich den Kfz-Führerschein in der Tasche hatte, bildeten ein Motorroller und bald darauf die ersten Pkw vom Gebrauchtwagenmarkt sozusagen das Nonplusultra. Jedenfalls für Fahrten aus der Stadt heraus und für Fernfahrten – innerorts leistete mir das Rad gern genutzte Dienste. Zahlreiche deutsche und europäische Städte habe ich seit den 1970er Jahren mit dem Pkw angesteuert; besonders häufig Kopenhagen, weil ich dort einen Freundeskreis und so etwas wie ein zweites Zuhause habe. Unvergessen der Winter der Ölpreiskrise 1973/74, als an den Wochenenden auch in Dänemark ein allgemeines Fahrverbot verhängt worden war und mir die Metropole gleichsam zu Füßen lag.

Nun ist die dänische Hauptstadt nicht nur die erste in Europa, die bereits ab 1960 damit begann, den Autoverkehr und die Parkplätze in der Innenstadt einzuschränken, um dem Stadtleben durch die Einrichtung von Fußgängerzonen mehr Raum zu geben. Sie ist auch die erste, die ab den 1980er Jahren immer forcierter die Verkehrsflächen für den Autoverkehr reduzierte, um den Radfahrern mehr Raum zu geben und ihnen ein sicheres Vorankommen zu ermöglichen. Da ich diesen verkehrs- und kulturpolitischen Wandel zugunsten der genialen Maschine sozusagen hautnah miterlebt habe, werde ich auf das inzwischen international bekannte »Kopenhagener Modell« im folgenden Kapitel näher eingehen. Und zwar schon deshalb, weil seit dem Millennium weltweit mehr Menschen in Städten als auf dem Land leben und der Zuzug in die Städte anhalten dürfte. »Alte wie neue Städte«, fordert der Stadtplaner Jan Gehl, »müssen daher die Annahmen, auf deren Basis Projekte geplant und Prioritäten gesetzt werden, neu definieren, und dabei die Bedürfnisse der Menschen stärker in den Fokus rücken. [...] Politisch angestoßene und geförderte Maßnahmen für die ganze Stadt sollten die Einwohner dazu bewegen, ihre Besorgungen so weit wie möglich zu Fuß oder per Rad zu erledigen.«[34]

Radfahren mit politischem Rückenwind

Zugegeben, ich lebe nicht wie Radlustbewegte fürs Fahrrad, nutze es aber liebend gern – und das an Wochenenden möglichst sportlich. Ich wohne in einer der Zweiradhochburgen Deutschlands und muss nur aus dem Fenster auf die Straße schauen oder auf den Gehweg treten, um den gängigen Befund bestätigen zu können:»Radfahren ist Trend«. Das Autofahren in Bremen allerdings nach wie vor nicht minder, was weder zu überhören noch zu übersehen ist. Auch die von der Stadt geförderte Car-Sharing-Station gleich um die Ecke meiner zentrumsnahen Wohnung wird rege in Anspruch genommen. Generell sind die Straßen der Innenstadt und beliebten Wohngegenden sämtlich zugeparkt. Da ich möglichst viel zu Fuß gehe und pedaliere, und damit sowohl mir als auch dem Stadtleben und der Umwelt nütze, fehlt es mir nicht an täglichen Erfahrungen mit nachhaltigen Mobilitätspraktiken. So unterliegt das Gehen aus purer Lust einigen Widrigkeiten, denn die halb auf dem Trottoir parkenden Autos und diverse Möblierungen (Verkehrszeichen, Poller usw.) erzwingen dauerndes Schlängeln und Ausweichen und vereiteln unkompliziertes Nebeneinandergehen.

Obwohl das Radfahren auf Gehwegen gesetzlich nur Kindern bis zum vollendeten zehnten Lebensjahr und deren Begleitern erlaubt ist, muss ich mich zudem dauernd vor Erwachsenen in Acht nehmen, die aus Eigensinn offenbar keinen Gemeinsinn kennen, weil sie mich entweder fast über den Haufen fahren oder vom Trottoir klingeln. Meine Bitte an Fahrradfahrer, gleich welchen Geschlechts oder Alters, mir als schwächstem Verkehrsteilnehmer den – noch – gesetzlich geschützten Bewegungsraum zu lassen, verhallt entweder oder wird höhnisch quittiert. Ältere Herrschaften mit Gehhilfen und Rollatoren können ausweislich zahlloser Presseberichte auch ein garstiges Lied davon singen. Zugegeben, das noch häufig aufrüttelnde

Kopfsteinpflaster selbst in frisch sanierten Straßen erfreut mich beim Radeln gewiss nicht. Aber wofür bietet die Industrie eigentlich gut gefederte Citybikes an?

Ich bin wohl nicht der Einzige, dem diese Erfahrungen zu denken geben. Der langjährige Münchener Oberbürgermeister Christian Ude, selbst leidenschaftlicher Radfahrer und politischer Förderer der Zweiradmobilität, berichtet über seine »entsetzlichsten Beobachtungen«: »Radfahrer sausen verbotswidrig auf dem Bürgersteig herum und erschrecken ältere Damen zu Tode, Radfahrer spurten, als handle es sich um die Zielgerade der Tour de France, durch die Gassen der Altstadt, dass flanierende Touristengruppen entgeistert kreischend auseinanderrennen, um sich in Sicherheit zu bringen. Radfahrer kennen kein ›rechts vor links‹ [...] und fahren bei Rot über die Kreuzung. [...] Wäre ich nicht selbst ein Radfahrer, würde ich mich besorgt fragen, was das nur für ein Menschenschlag ist, der sich derart rücksichtslos über das Regelwerk unserer Zivilisation hinwegsetzt: die Gesetzlosen unserer Gesellschaft, eine anarchistische Bewegung, die Vorboten eines universellen Chaos? [...] Ich habe einmal die Bekanntschaft einer Verwaltungsrichterin gemacht, deren perfekter Formalismus in allen Fragen der Verwaltungsgerichtsordnung mich beeindruckte und strapazierte. Kaum aufs Rad gestiegen, kannte sie keine Gesetze, keine Verordnungen und keine Rechtsprechung mehr, nur noch den triebhaften Wunsch, Abkürzungen übers Trottoir zu nehmen und bei Rotlicht brav anhaltende Autos abzuhängen.«[1]

Auch das *Fahrradhasserbuch* der Redakteurin Annette Zach entstand wohl kaum ohne Not.[2] Mit der neu entfachten Fahrradkultur, so scheint es, steht es noch nicht zum Besten. Ein Blick in die Tageszeitungen (und deren Leserbriefe) das Radfahren fördernder Städte reicht, um dafür einigen Anschauungsunterricht zu erhalten – etwa über die Probleme in ausgewiesenen Fußgängerzonen. Der *Spiegel* titelte 2011: »Der Straßenkampf. Rüpel-Republik Deutschland« und vermerkte: »Auf deutschen Stra-

Schild »Vernünftige Radfahrer«

ßen verrohen die Sitten. Da wird gepöbelt und gedrängelt; Autofahrer, Fußgänger und Radler kämpfen um ihren Platz auf engem Raum. Jeder Zentimeter zählt, jedes Mittel ist willkommen, jeder will der Erste sein. Freiwillig zu bremsen oder stehen zu bleiben kommt nur in Frage, wenn es gar nicht mehr anders geht.«[3]

Nun ist in vielen der nach 1945 mit hohem Aufwand autogerecht hergerichteten Straßenräume das Verkehrsklima schon deshalb schlecht, weil die Umverteilung der Flächen für die wachsende Schar der Radelnden zum einen größere Investitionen erfordert und zum anderen nur auf Kosten der an möglichst viel Vorfahrt und Platz gewöhnten Kraftverkehrsteilnehmer realisiert werden kann. Lieferwagen und Paketdienste, die in der zweiten Reihe parken, verschärfen das Problem. Um an ihnen vorbeizukommen, müssen Radler zum Teil gefährliche Ausweichmanöver riskieren.

Das 20. Jahrhundert war das Säkulum, in dessen Verlauf eine technische Verkehrsmittelerfindung in den Industrieländern sämtliche Lebens- und Arbeitsbedingungen und die Umwelt in einer Weise beeinflusste und prägte, wie keine zuvor. Nein, die Rede ist nicht vom Fahrrad, sondern vom Automobil. Und wie entwickeln sich die Dinge in der zweiten Dekade dieses 21. Jahrhunderts? Das Bundesministerium für Verkehr und digitale Infrastruktur informiert: »Das Fahrrad ist im Kommen, viele Bürgerinnen und Bürger haben in den letzten Jahren das Radfahren für sich neu entdeckt. Rund 80 Prozent aller Haushalte in Deutschland besitzen mindestens ein Fahrrad, in 30 % sind drei oder mehr Fahrräder vorhanden, das sind etwa 78 Millionen Fahrräder, die immer öfter zum Einsatz kommen. Damit noch mehr Menschen auf das Fahrrad umsteigen, fördert die Bundesregierung den Radverkehr.«[4]

Das ist angesichts des bedrohlichen Klimawandels und der vielfältigen gesundheitlichen Beeinträchtigungen durch Abgase und Verkehrslärm in unserer durchmotorisierten Gesellschaft zweifellos eine gute Nachricht. Augenscheinlich verändert sich dieser Tage der gesellschaftliche Stellenwert des Fahrrads, wird es zunehmend nicht mehr nur als Vehikel für Sport und touristische Zwecke genutzt, sondern vor allem in den Städten als ein willkommenes Mittel der individuellen Mobilität – insbesondere für das Erreichen von Konsumzonen, Veranstaltungen, Treffpunkten, Verkehrsknotenpunkten, Schulen, Hochschulen und Arbeitsplätzen. Zudem bleibt der die Individualisierung und Pluralisierung beschleunigende soziale Wandel für die Mobilitätspraxen nicht folgenlos. Gemeinsinn und Rücksichtnahme können nicht gedeihen, wenn der postfossilen Mobilität keine Infrastruktur zu Füßen und Rädern gelegt wird, die Unfallrisiken und Konflikte zwischen allen Verkehrsteilnehmern möglichst »ausschaltet«. Immerhin zwingen die ökologischen Herausforderungen sowie die von der Presse gefeierte »fabelhafte Siegesfahrt des Fahrrads« die in Deutschland traditionell stark autofixierte Politik, den auch lobbyistisch immer unüberhörbarer vertretenen neuen Mobilitätskonzepten zumindest tendenziell gerecht zu werden.[5] Forschungsprojekte wie z. B. »Einsparpotenziale des Radverkehrs im Stadtverkehr« (im Auftrag der Bundesanstalt für Straßenwesen) oder auch »Potenziale des Radverkehrs für den Klimaschutz« (im Auftrag des Umweltbundesamtes) sind seit dem Beginn des 21. Jahrhunderts nichts Ungewöhnliches mehr.

Wie es um das Verkehrsgeschehen nicht nur hierzulande bestellt ist, wissen Leserinnen und Leser aus eigener Erfahrung und Anschauung sowohl in ihrem Nahbereich wie überall dort, wohin sie gerne aufbrechen. Ich ziehe deshalb nun – ohne »Fliegen zwischen den Zähnen« – einige grundlegende Daten und Befunde aus der Forschung heran, um die allgemeinen Realitäten des individuellen Personenverkehrs der Gegenwart in den Blick zu rücken.[6] Ist es eine Überraschung, dass zwar mindestens 80 % aller Haushalte über ein oder mehrere Fahrräder verfügen, dass aber fast ebenso viele – 78 % – über ein oder mehrere Autos gebieten? Auf 100 Haushalte kommen inzwischen mehr als 180 Fahrräder (schon wegen der Kinder), allerdings die nicht minder beeindruckende Zahl von 103 Personenkraftwagen. Rein rechnerisch finden heutzutage alle Einwohner Deutschlands auf den vorderen Sitzen der Autos Platz. Der Pkw-Bestand hat zudem seit dem Millennium nicht ab-, sondern zugenommen: 2015 stieg er auf 44 Millionen. Die Motor- bzw. Krafträder nicht zu vergessen, sie stellen mit knapp vier Millionen zugelassenen Maschinen gut acht Prozent aller Kraftfahrzeuge.

Der Personenverkehr in der globalisierten Welt wächst aus vielen Gründen – die Spanne reicht vom ausufernden Erwerbspendeln über das veränderte Freizeitverhalten bis hin zu den wachsenden Flüchtlingsströmen. Das Verkehrsaufkommen in Deutschland nimmt jedenfalls stetig zu, wobei die Individuen (wie auch die Güter) im langfristigen Vergleich stets längere Entfernungen zurücklegen. Nicht zuletzt wir Bundesbürger sind immer häufiger unterwegs und überbrücken jedenfalls bislang immer größere Entfernungen. Die Anzahl der Fahrten, Flüge und Fußwege lag z. B. 2010 mit 101,8 Milliarden um 1,5 % höher als 2004. Zugleich stieg die Beförderungsleistung im Personenverkehr um 2,9 %. Auch die Wegelänge, die eine Person durchschnittlich zurücklegt, nimmt tendenziell zu, 2010 waren es rund 11,7 km. Allerdings wächst der Zeitbedarf für Mobilität kaum, weil die Verkehrsmittel zum Teil viel schneller sind und die Überbrückung längerer Strecken ermöglichen.

Mehr als die Hälfte aller unserer Wege und mehr als drei Viertel der Beförderungsleistung entfallen trotz aller Fahrradmobilitätsförderung nach wie vor auf den motorisierten Individualverkehr (MIV) mit dem Pkw oder einem Kraftrad. Fahrer und Beifahrer legen dabei durchschnittlich gut 16 km zurück. In Bussen, Straßen-, Stadt- und U-Bahnen werden durchschnittlich 8 km »konsumiert« – allerdings kommen sie nur für jeden zehnten Weg in Frage; Eisen- und S-Bahnen dienen für nicht einmal jeden vierzigsten.

Laut der bislang umfassenden Studie zur *Mobilitätsentwicklung in Deutschland* (MiD) legten im Erhebungszeitraum 2008 die Menschen in Deutschland im Durchschnitt jeden Tag mehr als drei Milliarden Personenkilometer auf rund 280 Millionen Wegen zurück. Rund 58 % dieser Wege wurden mit dem Pkw zurückgelegt, weitere 24 % zu Fuß, 10 % mit dem Fahrrad und 8 % erfolgten mit öffentlichen Verkehrsmitteln.[7] Vor allem aber bildeten 2008 ab dem Distanzbereich von einem Kilometer die Autonutzerinnen und -nutzer bereits die mit Abstand größte Gruppe. Während im Nahbereich von unter einem Kilometer mit 71 % das Zufußgehen erste Wahl war, kam das Radfahren nicht einmal bei 1 bis unter 2 km auf »Augenhöhe« mit den Automobilisten und ihren Mitfahrern – die Gruppe ließ mit einem

Anteil von 44 % die der Radelnden mit lediglich 19 % deutlich hinter sich. Kurz, bei allen untersuchten Weglängensegmenten bildeten 2008 die Fahrradfahrer in keinem die dominierende Gruppe – nicht einmal im quasi idealen Bereich von 2 bis unter 5 km, wo die Geher auf den Anteil von 18 %, die Radler auf 14 % und die Automobilisten auf 61 % kamen.[8]

Dass sich in nächster Zeit daran erhebliche Verlagerungen ergeben, ist wenig wahrscheinlich. Sicher ist, dass seit 2008 der Anteil der Radfahrer am Gesamtverkehr von 10 auf gut 13 % gestiegen ist. Laut den 2013 vom *Deutschen Mobilitätspanel* erhobenen Daten entspricht er 3,6 % aller Kilometer und gut 9 % der Mobilitätszeit (die mittlere Zeit im Verkehrssystem beträgt 82 Minuten pro Person und Tag).[9] Wenn die Umfrageergebnisse nicht täuschen, findet gegenwärtig tendenziell eine leichte Abnahme des Fußverkehrs statt, weil mehr Rad gefahren wird; auch wird eine langsame Abnahme des motorisierten Individualverkehrs beobachtet, weil in den urbanen Zentren zunehmend verschiedene Transportoptionen kombiniert werden (multimodale Verkehrsmittelnutzung). Jedenfalls steigt die Nutzung öffentlicher Verkehrsmittel seit Jahren leicht an.

Durchaus bemerkenswert sind die Ergebnisse des *Fahrrad-Monitor Deutschland 2011, 2013* und *2015*, einer beim SINUS-Institut in Auftrag gegebenen Untersuchungsreihe des Bundesministeriums für Verkehr. Die Fahrrad-Nutzung, so lese ich die Daten, steigt nicht automatisch mit den Jahren. So fuhren 2011 34 % der Befragten »seltener bis nie« mit dem Rad, 2015 hingegen 39 %. Auch die durchschnittliche Beliebtheit des Fahrrads nimmt eher ab, denn zu – sie fiel 2015 im Vergleich zu 2011 von »gut« auf »befriedigend«. Dem *Fahrrad-Monitor* zufolge wird das Rad vor allem für Einkäufe, kurze Erledigungen und Ausflüge in der Freizeit »gesattelt«. Ein minimaler Anstieg zeichnet sich seit 2011 bei der Nutzung des Rads für Fahrten zur Arbeits- bzw. Ausbildungsstätte ab. 2015 gab das mit 39 % der Befragten ein Prozent mehr an als 2011. Und welchen Stellenwert hat das

Stahlross beim Vergleich der Beliebtheit von verschiedenen Verkehrsmitteln für das alltägliche Vorankommen?

2015 nutzten 57 % der Befragten »sehr gerne« das Auto, 36 % das Zweikraftrad und lediglich 26 % das Fahrrad (dicht gefolgt vom Flugzeug mit 23 %). Die öffentlichen Verkehrsmittel und die Bahn schneiden mit 9 % deutlich schlechter ab. Allerdings kombiniert knapp jeder Dritte die Fahrradfahrt mit öffentlichen Verkehrsmitteln.[10]

Der Großteil des Verkehrs findet auf der Straße statt – auf ihr werden nicht zuletzt vier Fünftel der Güter befördert, Tendenz: steigend. Das Straßennetz dominiert die Infrastruktur des Verkehrs in Deutschland. Allein das überörtliche ist fast 240 000 km lang. Zwar nimmt die Gesamtlänge kaum mehr zu, dafür werden aber insbesondere die Autobahnen um Spuren erweitert. Die Länge der Gemeindestraßen kann nur geschätzt werden, sie dürfte um die 420 000 km betragen. Und dann gibt es da noch das Radwegenetz – es taucht in den Verkehrsstatistiken des Bundes – mit Ausnahme der an den Bundesstraßen verlaufenden Strecken mit einer Länge von rund 19 000 km – nicht auf. Das touristische Radwegenetz hat inzwischen eine Länge von um die 75 000 km.[11]

Der Erhalt und der anhaltende Ausbau der deutschen Verkehrsinfrastruktur kostet die Gesellschaft erhebliche Summen. Für den Bund, der etwa die Hälfte der Kosten trägt, ist der Verkehr denn auch der bedeutendste Investitionsbereich im Haushalt. In den Erhalt und Ausbau von Verkehrswegen fließen mehr als 80 % aller Investitionen (einschließlich Verkehrsmanagementsysteme, zusätzlicher Lkw-Parkplätze usw.). Nicht nur weil die vom Bund betriebenen rund 38 000 km langen Bundesstraßen nur zur Hälfte mit Radwegen ausgestattet sind, sind die Investitionen in den Radverkehr eine besserer Scherz – sie betragen derzeit kaum mehr als ein Hundertstel der jährlich zweistelligen Milliardenausgaben für Straßen, Schienen- und Wasserwege. (Der 2016 beschlossene *Bundesverkehrswegeplan 2030* umfasst ein Gesamtvolumen von 269,6 Milliarden Euro.) Konkret stellte der Bund im Jahr 2016 rund 99 Millionen Euro für den Erhalt und die Erweiterung des Fahrradnetzes an Bundes- und Wasserstraßen bereit. Für die Förderung von Modellprojekten zur Umsetzung des Nationalen Radverkehrsplans wurden rund drei Millionen Euro gewährt.[12]

Nun investiert nicht nur der Staat stärker in den Verkehr als in jedes andere Politikfeld. Auch die Privathaushalte lassen sich nicht lumpen – wir geben heutzutage durchschnittlich so viel Geld für die Mobilität wie für die Ernährung aus. Dass bei der Fahrradmobilität bislang längst nicht alles so glatt wie eine gut geschmierte Kette läuft, erhellt, wenn die mehr oder weniger konkret nachweisbare Wahl des Hauptverkehrsmittels in den gestrengen Blick kommt. Denn dann dominiert (nicht nur) im deutschen Alltag nach wie vor und unangefochten der motorisierte Individualverkehr, sprich das Automobil. Zwischen 2009 und 2014 hinsichtlich der Personenbeförderung jedenfalls mit steigender Tendenz – von 56 141 auf 58 436 Millionen.[13]

Die Wahl des Verkehrsmittels hängt im Alltag von vielen Faktoren ab, vom Wetter und Wegezweck, von der individuellen Lebensphase, vom Geschlecht (Männer legen mehr Wege im Pkw zurück), den verfügbaren finanziellen Mitteln usw. Wobei der Schulabschluss Studien zufolge keine geringe Rolle spielt – Leute mit Gymnasialabschluss fahren häufiger Rad als die ohne. Zudem existieren zwischen Stadt und Land bekanntlich schon deshalb große Unterschiede, weil die Städte zumeist gut ausgebaute öffentliche Nahverkehrsnetze aufweisen, während fern der urbanen Zonen mangels Angeboten nur gut fünf Prozent der Wege mit öffentlichen Verkehrsmitteln zurückgelegt werden, die Fahrt mit dem Auto für viele mehr oder weniger alternativlos ist. Menschen im Erwerbsalter müssen meist zur Arbeit fahren oder dienstliche Wege zurücklegen. Laut dem Statistischen Bundesamt ließ sich dabei jedenfalls bis 2012 kein »Trend weg vom motorisierten Individualverkehr und hin zu umweltfreundlicheren Alternativen« beobachten. »14 % der Erwerbstätigen nutzten 2012 ein öffentliches Verkehrsmittel, 66 % fuhren im Auto, 9 % nahmen das Rad und ebenso 9 % gingen zu Fuß. Weitere 2 % nutzten Krafträder oder andere Verkehrsmittel.«[14] Zumindest ein wenig frischen Rückenwind bringt das seit 2012 bestehende neue »Dienstwagenprivileg«. Es gilt auch für Fahrräder, Pedelecs und E-Bikes und sorgt dafür, dass Selbständige und Beschäftigte ein von der Firma bereitgestelltes Stahlross auch privat nutzen können (versteuern müssen sie freilich den geldwerten Vorteil von 1 % des Listenpreises). Dienstrad-Leasingangebote von Anbietern wie Job-Rad, der bereits mehr als 1500 Arbeitgeber wie z. B. den Softwarekonzern SAP in den Büchern hat, beleben inzwischen durchaus den Fahrradabsatz (von den rund 17 000 SAP-Mitarbeitern nutzten 2016 gut 1100 die Chance, Arbeitswege mit dem Zweirad zu bewältigen). Kurz, umweltbewusste größere und kleinere Unternehmen stellen ihren Mitarbeitern zunehmend Fahrräder für Dienstfahrten kostenlos zur Verfügung und/oder bieten Gehaltsumwandlungsmöglichkeiten für hochwertige Modelle an.[15]

Gewiss, gut die Hälfte der Bevölkerung nutzt täglich oder mindestens gelegentlich das Rad bzw. zunehmend Pedelecs. Allerdings nutzt die andere Hälfte der Bevölkerung es bislang überhaupt nicht oder nur selten. In welchem Umfang das Radfahren die Nutzung des Pkws nachhaltig ersetzen kann, ist eine der spannenden Fragen in mobilitätsgeprägten Gesellschaften wie der unseren. Vor allem die jüngeren »Kunden« erwarten eine möglichst große Wahlfreiheit in der Gestaltung ihrer Mobilitätsketten, sprich eine Vielzahl unterschiedlicher Fortbewegungsmittel und damit verbundene – auch kommunikative – Dienstleistungen. Der Wunsch nach individuell flexibel gestaltbarer Mobilität wird insbesondere in urbanen Zentren zudem nicht mehr prinzipiell durch den Besitz eines fahrbaren Untersatzes befriedigt, sondern durch die Nutzung zunehmend offerierter multimodaler Angebote (sprich verschiedene Verkehrsmittel auf einer Wegstrecke) – was Wunder, dass sich viele Autokonzerne zu »vernetzten Mobilitätsdienstleistern« wandeln wollen.

Die Lebensbedingungen junger Menschen haben sich seit dem Ausgang des 20. Jahrhunderts verändert. Immer mehr von ihnen wohnen in Städten, studieren (im In- wie Ausland), schieben die Familiengründung hinaus usw. Nicht zuletzt verfügen sie im Schnitt über geringere Realeinkommen als die junge Generation zuvor, und auch das erklärt, warum der Autobesitz bei ihnen abnimmt.[16] Grundlegend für ihren Drang zu häufigen Ortswechseln ist das Vorhandensein jederzeit verfügbarer Verkehrsmittel, und dazu gehört allemal das Rad. Nicht minder spannend ist deshalb die Frage, welche Instanzen die Radfahrkultur befördern könnten – der auf optimierten betriebswirtschaftlichen Erfolg fixierte Markt alleine wird es aller Erfahrung nach ohne die öffentliche Hand nicht bewerkstelligen. Während private Anbieter den vielfältigen technischen Herausforderungen der multimodalen Mobilität gerecht zu werden versuchen und die Vermarktung von als attraktiv beworbenen und zunehmend immer teureren Angeboten vorantreiben – einschließlich immer neuer Apps für die Smartphones –, bleibt den Kommunen die undankbare Aufgabe von regulativen Maßnahmen und das Bereitstellen zumeist knapper Haushaltsmittel und Sachleistungen für die Herrichtung der Infrastruktur überlassen.

Radfahren boomt, verkünden die Medien und die Fahrradlobby seit Längerem jedes Jahr aufs Neue. Blüht es tatsächlich mächtig auf? Es gibt in Europa zahlreiche Länder, wo das mehr oder weniger alltägliche Radeln gewiss nicht boomt, so etwa in Spanien, Portugal und Griechenland. Auch in den in der Fahrradhistorie so ruhmreichen Ländern wie Frankreich, Italien, Großbritannien und Irland besteht noch viel Luft nach oben. Mehr oder weniger velofreundliche Länder sind in der EU die Niederlande, Dänemark, Finnland, Schweden, Deutschland, Österreich und Ungarn. Die Niederlande übrigens ungebrochen seit dem Beginn des 20. Jahrhunderts. Dort ist einschlägigen Rankings zufolge auch der Fahrradbesitz mit gut 100 % weltweit am höchsten (China kommt auf ca. 38 %). Auch beim Anteil am Gesamtverkehr gelten die Radfahrerinnen und Radfahrer in den Niederlanden als vorbildlich – sie bewältigen ca. 28 % aller Wege auf dem Sattel. In Dänemark schaffen sie knapp 20 %. Deutschland und Österreich haben in dieser Hinsicht noch einigen Nachholbedarf.[17]

Die Politik der »Autonation« Deutschland beschäftigt sich verstärkt seit dem Millennium mit dem Verkehrsmittel Fahrrad. 2002 etablierte die Rot-Grüne Regierung den *Nationalen Radverkehrsplan* (NRVP) als »Grundlage für die Radverkehrspolitik«. Da der zunächst bis 2012 konzipierte Plan »die Festigung eines Bewusstseins für den Radverkehr, vor allem bei Ländern und Kommunen« erzielte, wurde er 2013 durch die Schwarz-Rote Koalition als *Nationaler Radverkehrsplan 2020* fortgeschrieben. Darin findet sich die Erkenntnis: »Der Radverkehr [...] liefert mit seinen positiven Effekten auf die Umwelt, das Klima, die Lebensqualität in den Städten und Gemeinden sowie die Gesundheit der Menschen Beiträge zu vielen aktuellen und zukünftigen verkehrspolitischen und gesellschaftlichen Herausforderungen. Vor diesem Hintergrund misst die Bundesregierung der Förderung des Radverkehrs als Teil eines modernen Verkehrssystems in Städten und ländlichen Räumen einen hohen Stellenwert bei. [...] Die Förderung des Radverkehrs kommt allen Menschen zugute, auch denjenigen, die überwiegend das Auto nutzen oder zu Fuß gehen. [...] Zusammen mit dem ÖPNV und dem Fußverkehr bietet er die Möglichkeit, insbesondere die Innenstädte vom Kraftfahrzeugverkehr und damit vom Stau sowie von Schadstoffen und Lärm zu entlasten.«[18] Auch der *Gesamtverkehrsplan für Österreich* setzt auf den Radverkehr als »tragende Säule« in einem multimodalen Verkehrssystem.

Die deutsche Regierungs-, Landes- und Kommunalpolitik setzt – zumindest mit Worten, manchenorts auch in Taten –

nicht zufällig auf den Radverkehr. So will bzw. muss die Bundesregierung im Rahmen der EU- und internationalen Pläne den Ausstoß klimaschädlicher Emissionen bis 2050 um 60 bis 80 Prozent reduzieren (Basisjahr: 1990). Weil hierzulande der Verkehrssektor der zweitgrößte Verursacher von Treibhausgasemissionen ist, verspricht sie sich von der erfolgreichen Erhöhung des Fuß- und Radfahranteils am Gesamtverkehr eine Reduzierung des Energieverbrauchs und die leichtere Einhaltung der Klimaschutzziele. Hinzu kommen die gern beschworenen wirtschaftlichen und nicht zuletzt gesundheitlichen Effekte. Konkret soll der bundesweite Radverkehrsanteil bis 2020 auf mindestens 15 % ansteigen. Im ländlichen Raum wird ein Anteil von 13 % und in städtischen Kommunen von 16 % erwartet.

Gleichsam im Schlepptau des Radverkehrsplans legen seit 2002 zahlreiche Expertinnen und Experten vieler wissenschaftlicher Disziplinen (zumal der Verkehrs-, Tourismus- und Mobilitätsforschung) Arbeitspapiere und vorbildliche Praxisbeispiele vor, stoßen diverse Verbände wie der ADFC und VCD (Verkehrsclub Deutschland) unermüdlich neue Forschungsprojekte an und finden Workshops, Fachwerkstätten und Fahrradkommunalkonferenzen statt. Die Europäische Kommission koordiniert und finanziert zudem einige einschlägige Vorhaben. Online-Dialoge und Befragungen der Zivilgesellschaft inbegriffen – die Zweiradförderung ist heute kein ungeliebtes Stiefkind mehr. Die Website *www.nationaler-radverkehrsplan.de* lässt daran keinen Zweifel. Es gibt kaum ein naheliegendes Thema, das nicht mehr oder weniger wissenschaftlich betrachtet wird, nicht zuletzt die Alterung der Gesellschaft, die ökonomischen Effekte massenhafter Radnutzung, die verkehrsgerechte Integration von Pedelecs und – hierzulande betriebsgenehmigungspflichtigen – E-Bikes, die Fahrradnutzung als Beitrag zum Klima- und Gesundheitsschutz, die Entwicklung und Ausbaufähigkeit der intermodalen Mobilität, die inner- und außerstädtischen Unfallrisiken und darauf zielende Verkehrssicherheitsmaßnahmen, die Kampagnen *Mit-dem-Fahrrad-zur-Arbeit* und *Mit-dem-Fahrrad-zur-Schule* einschließlich der Verkehrserziehungsprogramme, das Vorankommen verkehrsplanerischer Umgestaltungen (Radschnellwege- und Premiumrouten, Fahrradstraßen, Shared-Space-Einrichtungen, Mietradstationen, Radparkhäuser usw.). Des Weiteren die Entwicklungsreihen und Werbemaßnahmen der Zweiradindustrie, der Fahrradservice des lokalen Einzelhandels als Jobmotor, die Beziehungsverhältnisse der Radfahrer mit Autofahrern und Fußgängern, aufschlussreiche Länder- und Städtevergleiche der Radverkehrsqualität und Zweiradnutzung, Radsport und Tourismus usw. usf.

Nun nennt sich der NRVP zwar »national«, er richtet sich aber »maßgeblich« an die Länder und Kommunen, denn die sind im Rahmen des föderalen Systems für die einzelnen Maßnahmen der Radverkehrsförderung vor Ort – auch in finanzieller Hinsicht – zuständig (mit Ausnahme der an Bundesstraßen und Bundeswasserstraßen gelegenen Wege und Einrichtungen). Es verwundert daher nicht, dass die Bedingungen für aktive und potentielle Radfahrerinnen und Radfahrer in den deutschen Städten und Landen sehr unterschiedlich ausgeprägt sind. In Österreich übrigens nicht minder. Das gilt auch zwischen den Ortsteilen einer einzelnen Stadt oder zwischen Kernstadt und Umland. Immerhin, in einer steigenden Anzahl von Kommunen erfolgen seit Jahren bemerkenswerte »Umsteuerungsmaßnahmen«. Ein Beispiel: 2005 setzte sich der Karlsruher Gemeinderat einstimmig das Ziel, bis 2015 die »Fahrrad-Großstadt Nummer 1 in Süddeutschland« zu werden und legte ein »20-Punkte-Programm zur Förderung des Radverkehrs in Karlsruhe« auf. Es benannte die Ziele: die Steigerung des Radverkehrsanteils von 16 auf 23 % zu Lasten des Kfz-Verkehrs, die Senkung der Unfallzahlen mit schwerverletzten Radfahrern um 25 % und der Bau von jährlich zwei Radrouten eines auf rund 20 Hauptrouten projektierten Netzes. Der Rat beschloss zudem, den Radverkehr bei allen Straßenbau- und Sanierungsmaßnahmen »stets gleichberechtigt« zu berücksichtigen. Seit 2012 ist das Ziel »Fahrradstadt Karlsruhe« im »Integrierten Stadtentwicklungskonzept 2020« gemäß den Empfehlungen des Nationalen Radverkehrsplans verankert. Der Radverkehrsanteil soll an der Wende zum dritten Jahrzehnt 30 % erreichen. Im Juni 2013 konnte das Stadtplanungsamt verkünden: »Positiv auf dem Weg zur Fahrradstadt Karlsruhe sind die Auszeichnung als Fahrradfreundliche Stadt 2011 durch das Land und die gute Platzierung im ADFC-Fahrradklima-Test 2013. Dass die neuen Radroutenangebote in Karlsruhe gut angenommen werden, belegen seit Herbst 2012 nicht mehr nur punktuelle Zählungen, sondern auch die Haushaltsbefragung zum Mobilitätsverhalten: Der Radverkehrsanteil konnte auf 25 % gesteigert werden. Dies übertrifft die Zielvorgabe des 20-Punkte-Programms.«[19]

Soll ich noch erwähnen, dass auch das zuständige Land Baden-Württemberg als »Fahrradland Nr. 1 in Deutschland« in die Geschichte eingehen will? Dessen Landeshauptstadt Stuttgart gilt übrigens neben Hamburg als »deutscher Staumeister« – im Vergleich zu einer staufreien Autofahrt von 60 Minuten brauchen die Stuttgarter tagsüber gut 17 und abends 36 Minuten länger.[20] In Deutschland wie auch in der EU gibt es einige Städte, in denen der Anteil bzw. Modal Share für den Radverkehr bereits die Marke von 40 % übersteigt, aber eben auch sehr viele andere, in denen er weit geringer ist, zum Teil nicht einmal 5 % beträgt.[21]

Um 2013 ergab sich laut einer Vergleichsstudie des Verkehrsclubs Österreich folgendes Bild: Unter den Städten mit weniger als 200 000 Einwohnern führte das niederländische Houten mit 44 % Radverkehrsanteil, gefolgt von Oldenburg mit 43 % und Leiden mit 33 %. Die bestplatzierte italienische Stadt war Bozen mit 29 %. In Österreich erreichte Innsbruck 23 %, in der Schweiz punktete Basel mit 20 %. Unter den Städten mit 200 000 bis 500 000 Einwohnern kam Münster auf 38 %, Uppsala auf 28 % und Freiburg auf 27 %. Allesamt Universitätsstädte übrigens – wobei Bochum mit der in den 1960er Jahren vor der Stadt nahe der Autobahn gebauten Ruhr-Universität nur einen Radverkehrsanteil von 6 % erreichte. Das Feld der Städte mit mehr als 500 000 Einwohnern wurde von Kopenhagen mit 35 % angeführt, gefolgt von Amsterdam mit 30 %, Bremen mit 25 %, und Antwerpen mit 23 %. Unter den Städten mit mehr als eine Million Einwohner führte München mit 17 % das Feld an, gefolgt von Köln, Berlin, Hamburg und Wien. Das Fahrrad ist besonders auf kürzeren Distanzen dem Auto und öffentlichen Verkehrsmitteln überlegen. Daher erreichen kleinere Städte mit einer die Radnutzung fördernden Politik leichter als die Metropolen hohe Radverkehrsanteile.[22]

Prinzipiell steigt der Anteil der Wege, die mit dem Rad gefahren werden, in all den deutschen Städten, die das infrastrukturell nachhaltig begünstigen. Beachtliche Zuwachsraten verzeichnen seit Längerem etwa Frankfurt a. M., Rostock, Bocholt und Greifswald. Nach wie vor gibt es jedoch zahlreiche Städte und Gemeinden, in denen der Radverkehr stagniert oder sogar abnimmt. Vor allem in den vielen im Autoverkehr quasi erstickenden Metropolen wird das Radfahren im Nahverkehr zunehmend präferiert, wächst das öffentliche Interesse und der Druck auf die Politik, für fahrradfreundliche Bedingungen zu sorgen. Dass Millionenstädte wie z. B. Paris das ambitionierte Ziel verfolgen, bis 2020 den Radverkehrsanteil am Gesamtverkehrsaufkommen von noch jüngst 3 % auf 15 % zu steigern, um damit zu den bedeutendsten Fahrradstädten der Welt zu gehören, spricht für sich. 2015 führten in dieser historisch neuen Wettbewerbskategorie (mit allerdings merkwürdig willkürlichen Kriterien) übrigens Kopenhagen, Amsterdam, Utrecht, Straßburg und Eindhoven das Ranking an.[23]

Apropos zivilgesellschaftlicher Druck: Die traditionelle Radfahrerverbandslobby wird seit 1992 um die Aktivisten der Critical Mass Rides-Bewegung ergänzt, die mit Fahrradparaden, Diskussionsforen, Blogs, Partys, Konzerten usw. an vielen Orten der Welt eine zunehmend einflussreichere lose Gruppierung formieren. Critical Mass fordert die Reduktion des motorisierten Individualverkehrs durch Verkehrsberuhigungsmaßnahmen, den Autostellplatz- und Fahrspurrückbau und eine ökologische Steuerpolitik, die die Umwelt- und Gesundheitseffekte von Verkehr mitberücksichtigt.[24]

In Deutschland sorgt vor allem der ADFC mit seinem Fahrradklima-Test für »Alarm«. Die vom Bundesministerium für Verkehr mitgetragene Erhebung erfolgt im Rahmen des *Nationalen Radverkehrsplans*. 2014 beteiligten sich über 100 000 Bürgerinnen und Bürger an der über das Internet durchgeführten Umfrage (mit 27 Fragen). Insgesamt kamen 468 Städte in die Wertung. Als die zehn besonders fahrradfreundlichen deutschen Städte kristallisierten sich heraus: Münster, Karlsruhe, Freiburg im Breisgau, Hannover, Bremen, Kiel, Oberhausen, Frankfurt am Main, Leipzig und Rostock. Die meisten Großstädte landeten allerdings auf den hinteren Plätzen – namentlich Berlin, Hamburg, Köln und Düsseldorf. Und warum? Nun, weil die Behörden wenig für Infrastrukturanpassungen tun und sich sogar viele »Intensiv-Radfahrer« in ihnen unsicher fühlen. Die Befragten kritisieren vor allem schlechte und zu schmale Radwege, gefährliche Situationen bei Straßeneinmündungen und an Kreuzungen, parkende Autos auf Radwegen, benachteiligende Ampelschaltungen und auch die fehlende Schneeräumung im Winter.[25]

Wenn meine Presseausschnittsammlung zu Radthemen nicht trügt, lautet der Tenor aus der Bevölkerung: Sind keine ausreichend guten Radwege vorhanden, wollen insbesondere die Älteren lieber nicht das Stahlross in Trab bringen. Beklagt wird vielfach, dass an den Straßenmündungen von für Radfahrer in beiden Richtungen freigegebenen Einbahnstraßen keine gefahrlose und ohne Regelverstöße mögliche Integration in den dort laufenden Verkehr möglich ist. Viel beklagt werden abrupt im Nirwana endende Radwegabschnitte, die zahllosen viel zu hohen Kanten an Ein- und Ausmündungen, die verlotterte und ramponierte Oberfläche zahlreicher Radwege und anderes mehr.

Schon einmal in Berlin mit dem Rad zu einem Termin gefahren (also nicht bequem in einer Rikscha)? Es gleicht auf den Busrouten oft einem Rennen: Erst überholt einen der Bus, dann fährt er bei der nächsten Haltestelle rechts ran. Also wird der Bus überholt, bis er dann wieder überholt usw. Und dann die Ampeln. Dauernd stehen sie auf Rot. In der Metropole kann das Radfahren ziemlich nervenaufreibend und gefährlich sein. Oder eine willkommene Herausforderung. Der in Berlin lebende Autor Kai Schächtele liefert in seinen *Bekenntnissen eines überzeugten Radfahrers* immerhin 23 Gründe, warum er gerne durch die Stadt tourt. Zum Beispiel weil es »schneller geht als jede andere Art der Fortbewegung, zumindest in der Stadt«, weil es »auch eine Frage des Stils ist«, er süchtig »nach dem Gefühl brennender Oberschenkel beim Rennradfahren« ist und weiß, »dass man nur über Schmerz zum Genuss kommt und nur durch Leid zur Freude; dass man sich bewegen und einfach manchmal einfach durchbeißen muss, um voranzukommen«. Vor allem aber, weil der überzeugte Pedalist »nicht auf die tägliche Dosis an Freiheit und Unabhängigkeit verzichten möchte«, weil es »einfach Spaß macht« und ihn schon nach wenigen Metern »in einen Flow« geraten lässt, »bei dem ich eins werde mit mir und der Welt um mich herum«, weil es »das Gehirn fit hält« und zudem die Chance gewährt, »den Ärger, den man sich auf unseren Straßen als Radfahrer zwangsläufig einhandelt, gleich wieder aus Kopf und Körper« zu strampeln.[26] Und was berichtet die in Berlin lebende Kulturjournalistin Bettina Hartz, die sich täglich auf ihr Rad schwingt und bereits zweimal von Autofahrern, die ihr die Vorfahrt nahmen, schwer verletzt wurde? In ihrem Buch *Auf dem Rad* (einem Plädoyer für mehr Toleranz und Achtsamkeit) heißt es:

»Die Rede vom Radfahrer als dem nach oben Buckelnden, nach unten Tretenden ist nichts als böse Verleumdung. Denn unerbittlich zeigt er sich nur gegen seine motorisierten Feinde, die ihn an den Straßenrand drängen, mit Pfützenwasser bespritzen, ihm die Vorfahrt rauben und hupen, wenn er im Winter von Radwegen, die, da sämtliche Laternen zur Fahrbahn hin ausgerichtet wurden, stockfinster sind und auf denen sich der von den Kehrmaschinen zusammengeschobene Schnee türmt, auf die Straße wechselt. Umbrandet vom Verkehr weiß der Radfahrer, dass er zwar dessen wendigster Teil ist, aber auch sein schwächster, ständig kollisionsbedroht. Das erfordert Aufmerksamkeit, Nervenstärke, Gelenkigkeit und die Fähigkeit, auch mal den einen oder anderen bösen Blick zuwerfen zu können, sich von Autohupen nicht stören zu lassen und auf seinen Rechten durch stures Nichtausweichen zu bestehen. So bedrängt, gibt man sich, ich gebe es zu, nicht selten einer kindlichen Allmachtsphantasie hin, nämlich der vom Besitz eines mit einem unsichtbaren Panzer versehenen Rades – an dem sich die Autofahrer, wenn sie den Sicherheitsabstand beim Überholen nicht einhalten oder rechts abbiegen und dabei den Radfahrer ignorieren oder den Radweg, aus einer Nebenstraße kommend, halb oder gar ganz bedecken und keinerlei Anstalten machen, auch nur einen Zentimeter zurückzufahren, wenn man sich ihnen nähert, Beulen holen.«[27]

Fest steht – auch das ein Wink mit der Luftpumpe des *Fahrrad-Monitor Deutschland 2015* –, viel mehr Bürgerinnen und Bürger würden täglich das Rad benutzen, wenn sie sich nicht vielerorts auf Straßen oder holprigen Radwegen unsicher fühlen würden. Auch fehlen – mit Ausnahme von Musterstädten wie Münster und Freiburg – zumeist gut erreichbare und nutzbare Fahrradabstellanlagen, und zwar insbesondere an Bahnhöfen und Haltestellen. Um den Anteil des Radverkehrs weiter zu erhöhen, müsste vielerorts entschieden mehr Gewicht auf eine radfahrerfreundliche Infrastruktur gelegt werden – 82 Prozent der Befragten zwischen 14 und 69 Jahren fordern auf kommunaler Ebene einen engagierteren Einsatz der Politik für den Radverkehr.[28]

Eine gezielte Fahrradpolitik tut not – und das heißt vor allem, deutlich höhere Investitionen seitens der Kommunen und des Bundes. Niemand kennt die Ansprüche der nächsten Generation, doch scheint es gegenwärtig so, als würde sie weniger an neuen Autoschnellstraßen, als vielmehr an ausreichend breiten, gepflegten und gut geführten Radwegen mit grünen Ampelphasen und ideal platzierten Abstellanlagen Gefallen finden. Vor allem im Nahbereich bietet das Fahrrad gegenüber anderen Verkehrsmitteln offenbar viele Vorteile. Die über ein Jahrhundert lang fast ausschließlich für den Kraftverkehr angelegte Verkehrsinfrastruktur kann die vielerorts steigende Radlerschar jedoch nicht ohne erhebliche Rückbauten von Autofahrspuren bewältigen. Zusätzlicher Problemdruck entsteht durch neue Fahrradtypen wie Elektro-, Lasten- und Dreiräder sowie die immer häufigere Nutzung von Fahrradanhängern für den Nachwuchs. Wie heißt es so schön aufmunternd in der Presse: »Das ist hip: Kinder und Bierkästen per Rad transportieren.«[29] Nun ermöglicht die Straßenverkehrsordnung (StVO) eine Reihe relativ einfach umzusetzender Möglichkeiten, um die Sicherheit und Attraktivität des Radverkehrs zu erhöhen. Etwa die Anlage von Spiel- und Fahrradstraßen, die Öffnung der Gegenrichtung von Einbahnstraßen, Anlage von Angebotsstreifen in der Straßenmitte usw. – Maßnahmen, die in fahrradfreundlichen Städten wie Münster, Freiburg und Bremen praktiziert werden. Ob Fahrradstraßen wirklich der Weisheit letzter Schluss sind, ist jedoch keinesfalls unstrittig.

Das Verkehrsnetz hat seine stärkste Belastung am Morgen, wenn die Berufstätigen zur Arbeit, die Schüler zur Schule und die Kinder zum Kindergarten müssen. Nicht nur Autofahrer wissen, was Berufsverkehr heißt: Stau. Es sind dann ja auch die öffentlichen Verkehrsmittel überlastet und das Mitfahren eher unbequem. Nun macht es wirtschaftlich keinen Sinn, wegen zwei bis vier Stunden pro Wochentag die Zahl der betriebenen Busse und/oder Straßen- und U-Bahnen über den durchschnittlichen Bedarf hinaus zu erhöhen. Um den mittel- und großstädtischen Kraftverkehr in Spitzenstunden gleichsam besser auszupendeln, gibt es für die Betroffenen im Rahmen von nicht zu großen Entfernungen zwei Möglichkeiten: öfter Zufußgehen und Radfahren. Immerhin beherrschen weit mehr als 90 % der Einwohner Deutschlands die Kunst des Zweiradfahrens. Im Übrigen sind EU-weit die Hälfte der Autofahrten kürzer als 5 km – wenn sie zumindest bei halbwegs gutem Wetter vom Zufußgehen und Radeln abgelöst würden, wäre viel gewonnen.[30]

Seit dem Millennium lebt die Mehrheit der Menschen in Städten. Ihr natürliches und für Ausbildungs-, Erwerbs- und Versorgungszwecke gleichsam erzwungenes Bedürfnis nach Mobilität befriedigen die Städter überwiegend durch motorisierte individuelle und öffentliche Verkehrsmittel. Die Quittung für dieses Verhalten besteht in der permanenten Gesundheitsbelastung durch Abgase und Lärm und vom Klimawandel zunehmend ausgelöster heftiger Wetterereignisse. Ein möglicher Ausweg aus diesem Dilemma wird seitens zahlreicher industrienaher Experten in der Elektrifizierung der Verkehrsträger – auch des Fahrrads – gesehen (auch als Reaktion auf die Verknappung der fossilen Ressourcen).

Namhafte Stadtentwickler wie Jan Gehl haben eine andere, nicht technikaffine Vision – die einer lebendigen, gesunden, sicheren und nachhaltigen Stadt. Aus ihrer Sicht haben die großen Städte in den vergangenen Jahrzehnten ihre Einwohner, »die den Stadtraum immer noch in Massen bevölkern, zunehmend schlecht behandelt. Begrenzter Raum, Hindernisse, Lärm, Luftverschmutzung, Unfallrisiken und generell entwürdigende Lebensbedingungen sind typisch für die meisten Großstädte der Welt [...]. Die traditionelle Bedeutung der Stadt als Raum der

Begegnung und als gesellschaftliches Forum für ihre Bürger wurde eingeschränkt, bedroht oder gar ›abgeschafft‹.«[31]

Was also tun? Die dänische Metropole Kopenhagen verfolgt nicht nur das Ziel, bis 2025 die erste CO2-neutrale Großstadt der Welt zu werden, sie ist auch auf dem besten Wege, dieses Ziel zu erreichen, weil dort eine engagierte und gut koordinierte Stadt-, Raum- und Landschaftsplanung waltet. Die Stadtverantwortlichen rückten Ende der 1970er Jahre von der bis dahin »autogerechten« Orientierung ab und richteten die Planung konsequent auf die menschliche Belebung von Straßen und Plätzen aus, was zugleich dem Einzelhandel und Gastgewerbe entgegenkam. Inzwischen erstreckt sich in der Innenstadt die größte Fußgängerzone Europas, sind große Teile der Stadt autoverkehrsberuhigt bzw. mit max. 15 bis 30 km/h entschleunigt. (In deutschen Großstädten lehnt Umfragen zufolge noch mehr als die Hälfte der Befragten die Erweiterung von Fußgängerzonen ab.) Zudem wird seit Längerem die gesamte Infrastruktur konsequent für Radfahrerinnen und Radfahrer hergerichtet. Die Kommune möchte die Hälfte der Pendler auf den Sattel bekommen und zudem sichergestellt wissen, dass alle Einwohner ein Naherholungsgebiet in 15 Minuten zu Fuß erreichen können. Gegenwärtig sind im Großraum der Hauptstadt täglich mehr als 500 000 *cyklister* auf dem über 1000 km umfassenden Radwegnetz unterwegs – sie haben am Ende des Tages insgesamt gut 1,5 Millionen Kilometer pedaliert. Die in der von der Meerjungfrau »beaufsichtigten« Metropole begründete und heute in vielen Großstädten aktive Cycle Chic-Organisation – Motto: style over speed – lässt auf den Websites Zähler mitlaufen, die die zurückgelegten Tagesleistungen ins Blickfeld rücken.[32]

Ich bin gern in Kopenhagen, wo kaum Hektik aufkommt und Gelassenheit und Lebensfreude quasi mit den Händen greifbar sind. Eine längere Radtour von Deutschland dorthin stand freilich noch nicht auf meinem Reiseplan. Diese Erfahrung hat mir Kai Schächtele voraus: »Irgendwann hatte ich genug gehört von diesem Sehnsuchtsort für jeden Radfahrer. Kopenhagen. [...] Da mussten wir hin, mein Rad und ich. Zum Glück gibt es zwischen Kopenhagen und Berlin eine Direktverbindung. [...] Die Route nach Dänemark [...] führt durch Brandenburg und Mecklenburg-Vorpommern. Dann geht es in Rostock auf die Fähre. Das letzte Drittel der Strecke legt man in Dänemark zurück.«[33] Die Tour war für den journalistisch versierten Radler kein Zuckerschlecken – eher schon ein Spritzwasserschmecken von vorbeifahrenden Autos. (Auf dem Land hat Dänemark noch Nachholbedarf in Sachen Fahrradfreundlichkeit.) Nach acht Tagen Fahrt radelte Schächtele schließlich durch die Straßen Kopenhagens: »Mit der Nummer 9955 fuhr ich über die imaginäre Ziellinie direkt neben dem Rathaus. Die Nummer stammt von einem Kasten am Radweg, der alle Radfahrer, die dort vorbeikommen, in roten Digitalziffern zählt. Ich war der 9955ste an diesem Tag und der 1 819 041ste in diesem Jahr. Allein dieser Kasten erzählt alles über die Fahrradkultur in Kopenhagen, was man wissen muss. Er wurde aufgestellt, um Radfahrern zu signalisieren: Hier werdet ihr nicht nur zur Kenntnis, sondern auch ernst genommen. Als in Bremen eine ähnliche Idee umgesetzt wurde, mit der Begründung, die Zählstelle solle Menschen motivieren, aufs Rad umzusteigen, maulte so mancher darüber, wie sinnlos es doch sei, dafür Geld auszugeben.«[34]

In der Tat erschienen in Bremen nach der Aufstellung der ersten Fahrradzählstelle an der innerstädtischen Wilhelm-Kaisen-Brücke im September 2011 in der maßgeblichen Tageszeitung zahlreiche Leserbriefe, in denen sie überwiegend als unnötig und eine Geldverschwendung angeprangert wurde. Da zu jener Zeit bereits rund ein Viertel aller Wege in der Wesermetropole mit dem Rad bewältigt wurden, betrachtete die Umweltbehörde die Anzeigensäule mit digitaler Anzeige auch als anspornende Werbemaßnahme. Der Bremer Senat möchte den Anteil des Fahrradverkehrs am Gesamtverkehr in der Hansestadt auf mindestens 30 % steigern. 2015 zeichneten schon acht Zählstellen

Daten für eine »zukunftsorientierte Verkehrsplanung« auf, blickte der Bremische Verkehrssenator auf eine positive Entwicklung zurück: »Mit bisher insgesamt mehr als 3,2 Millionen Fahrten auf dem Fahrrad auf der Wilhelm-Kaisen-Brücke im Jahr 2014 sind die Vorjahreswerte bereits jetzt übertroffen.«[35] Die automatische Zählung erfolgt durch Zählschleifen unter dem Pflaster, die Fahrräder von anderen Verkehrsmitteln unterscheiden können. Die Daten werden an die Verkehrsmanagementzentrale übermittelt und dienen in Kombination mit andersartigen Mobilitäts- und auch Wetterdaten der Evaluation der Entwicklung des Radverkehrs, seines Anteils am Modal-Split usw.[36]. In Bremen werden schon seit den 1920er Jahren Verkehrszählungen durchgeführt; sie sind übrigens auch durch technisch wesentlich weniger aufwendige Verfahren realisierbar – nicht zuletzt durch Schülerinnen und Schüler, die damit ihr Taschengeld aufbessern können und zugleich für den Radverkehr in der eigenen Stadt sensibilisiert werden.

Zurück nach Kopenhagen, wo beheizte bzw. immer schnell vom Schnee geräumte Wege (*cykelsti*), spektakuläre Fahrradbrücken und für *cyklisten* schräg gestellte Mülleimer das Normalste der Welt sind. Ermunternd blinkende Anzeigetafeln nicht minder: »Du er cyclist nummer 17 234 i dag.« Um den »Sehnsuchtsort« angemessen zu verstehen, gilt es sich vor Augen zu führen, dass in Dänemark Autos seit ihrer Einführung durch hohe Abgaben und Steuern ein teures Vergnügen sind. Durch das generell hohe Einkommensniveau sind sie zwar durchaus zum Allgemeingut geworden – sie kosten aber in etwa das Doppelte wie hierzulande. Für viele Dänen ist es schon deshalb seit Langem nichts Ungewöhnliches, sich für Wege zur Arbeit, zum Einkaufen und für Treffen aufs Rad zu schwingen. (2012 wurden 30 Prozent aller Pendlerfahrten in der Hauptstadtregion mit dem Rad erledigt; dieser Anteil soll bis 2020 auf 41 % ansteigen.) In Kopenhagen bleibt vielen auch nichts anderes übrig, weil das Wohnen in der Metropole sehr teuer und die Parkplätze im zentrumsnahen Umfeld gebühren-pflichtig sind.[37]

Wenn ich in Kopenhagen unterwegs bin, komme ich aus dem Staunen kaum heraus. Dort pedalieren so viele Leute, dass es eines speziellen Zeichenkodexes bedarf, um dem sonst drohenden Chaos auf den zumeist 2,5 bis zu 4 Meter breiten Radwegen zu entgehen. Handzeichen für das Stoppen und Abbiegen sind für Nutzer eines eigenen oder von den 110 Leihstationen – kostenlos – ausgeborgten *cykel* so selbstverständlich wie das Ausnutzen der grünen Welle auf den dreispurigen Radler-Highways, die die Innenstadt mit den Vororten verbinden. Die Ampelphasen sind so geschaltet, dass unsereins mit 20 km/h selbst in der Hauptverkehrszeit mit ein bisschen Glück von keiner Ampel ausgebremst wird. Und erst die grünen Routen durch die Parks und entlang der Bahntrassen – die Kopenhagener Verhältnisse sind selbst für mich, der ich eine traditionell recht fahrradfreundliche deutsche Großstadt bewohne, so ungewöhnlich wie vorbildhaft. Übrigens genügen zwei Radwege mit einer Breite von zwei Metern für 10 000 Stahlrossreiter pro Stunde. Eine einfache Straße mit zwei Fahrspuren hingegen bietet nur Platz für max. 2000 Kraftfahrzeuge. Versteht sich, dass in Kopenhagen einmündende Seitenstraßen auf leicht erhöhten Rampen ohne unsanfte Bordsteinkanten überquert werden können, wobei die Autofahrer nicht nur immer Vorfahrt gewähren müssen, sondern das inzwischen auch tun (häufige Medienkampagnen tragen ihren Teil dazu bei). Warum in Deutschland für Pedalisten auf Radwegen nach wie vor eisern die unfallträchtige Rechts-vor-Links-Regel besteht, ist mir ein Rätsel.

Das auch für Fußgänger äußerst förderliche »Kopenhagener Modell« ist schon deshalb für die Radlobby hierzulande bedenkenswert, weil es die tatsächliche und zumal gefühlte Sicherheit für die »schwachen« Verkehrsteilnehmer obenan stellt. Zum einen durch die außerhalb reiner und verkehrsberuhigter Wohngebiete prinzipiell eingerichteten Fahrradwege; zum anderen durch die generelle Praxis, die Wege so neben den Trottoirs zu platzieren, dass die durch Bordsteine, Markierungen und zuweilen Parkplätze zur Fahrstraße hin geschützte Fläche gefahrlos zu befahren ist. Die Radwege liegen stets an der sozusagen »langsamen« Seite des Kfz-Verkehrs und führen jeweils in dieselbe Richtung.

Die in Kopenhagen betriebene konsequente Entmischung der Verkehrsströme wird von deutschen Verkehrsplanern, den Versicherern und auch dem ADFC nicht für nötig erachtet. Hierzulande ist stattdessen die Nutzungspflicht von Radwegen aufgegeben worden und wird die radelnde Gemeinschaft zunehmend auf die Autofahrbahnen (realiter einschließlich dem Ausweichen auf die Fußwege) gedrängt – das spart schließlich Kosten für den Ausbau und auch angemessenen Erhalt von Radwegen.[38] Laut aktueller deutscher Straßenverkehrsordnung kann Radlern nur vorgeschrieben werden, einen Radweg zu benutzen, wenn dieser breit genug ist und andere bestimmte Mindeststandards erfüllt. Viele deutsche Experten sehen Radfahrer auf der Fahrbahn als deutlich weniger gefährdet an, weil sie häufig von Rechtsabbiegern umgefahren werden. Auch kämen sie auf Straßen meist komfortabler und schneller voran, heißt es. Die herrschende Auffassung, sie würden bei der Nutzung von Radwegen die Fußgänger auf dem parallelen Gehweg gefährden, leuchtet mir nicht ein. In Berlin zum Beispiel sind gegenwärtig nur mehr rund 15 % der Radwege benutzungspflichtig, in Bremen lediglich ein Drittel des noch bestehenden 700 km langen Radwegenetzes. Der ADFC favorisiert die Einrichtung von Fahrradstraßen. Auf ihnen sind Radfahrerinnen und Radfahrer ja gegenüber Kraftfahrzeugen bevorrechtigt, und die Radlobby argumentiert:

»Fahrradstraßen sind für den Radverkehr sicher, da hier Kfz nicht oder nur langsam fahren dürfen. In Fahrradstraßen werden gemeinsame Fahrten attraktiv, da Menschen mit dem Rad nebeneinander fahren dürfen und sich unterhalten können.

Fahrradstraßen sind komfortabel, da der Radverkehr mehr Platz hat als auf einem Radweg. Fahrradstraßen erleichtern Radfahrerinnen und Radfahrern die Orientierung, da sie besonders geeignete Verbindungen leicht erkennbar machen. Fahrradstraßen zeigen Radfahrenden, dass sie als Verkehrsteilnehmer anerkannt und wertgeschätzt werden. Sie haben damit eine motivierende Wirkung.«[39] Ich bin mir da nicht so sicher. Welchen Vorteil Fahrradwege insbesondere für Kinder und Jugendliche haben, erhellt der bedenkenswerte Bericht über das binationale Projekt *Beauty and the bike* von Beatrix Wuppermann und Richard Grassick.[40]

Die derzeit gültige Straßenverkehrs-Ordnung (StVO) schreibt übrigens in § 2 u. a. vor: »(4) Mit Fahrrädern muss einzeln hintereinander gefahren werden; nebeneinander darf nur gefahren werden, wenn dadurch der Verkehr nicht behindert wird. Eine Pflicht, Radwege in der jeweiligen Fahrtrichtung zu benutzen, besteht nur, wenn dies durch Zeichen 237, 240 oder 241 angeordnet ist. Rechte Radwege ohne die Zeichen 237, 240 oder 241 dürfen benutzt werden. Linke Radwege ohne die Zeichen 237, 240 oder 241 dürfen nur benutzt werden, wenn dies durch das allein stehende Zusatzzeichen ›Radverkehr frei‹ angezeigt ist. Wer mit dem Rad fährt, darf ferner rechte Seitenstreifen benutzen, wenn keine Radwege vorhanden sind und zu Fuß Gehende nicht behindert werden. Außerhalb geschlossener Ortschaften darf man mit Mofas Radwege benutzen. (5) Kinder bis zum vollendeten achten Lebensjahr müssen, ältere Kinder bis zum vollendeten zehnten Lebensjahr dürfen mit Fahrrädern Gehwege benutzen. Auf zu Fuß Gehende ist besondere Rücksicht zu nehmen. Beim Überqueren einer Fahrbahn müssen die Kinder absteigen.«[41]

Zurück nach Kopenhagen. Dort sind nicht zuletzt die gemeingefährlichen Stadtmöblierungsteile wie etwa die das Parken unterbinden sollenden Eisenpfähle und -Rundbögen neben Fuß- und Radwegen längst entsorgt, dürfen Baustelleneinrichtungen den Radverkehr nicht blockieren oder unangemessen umleiten. Auch sind an problematischen Kreuzungen Sensoren im Einsatz, die bei nahenden *cyclisten* die Ampelanlagen in einen Blinkmodus schalten, um die Autofahrer zu warnen. An Wartepunkten gibt es Hand- und Fußstützen, an denen ein Schriftband mitteilt: »Vielen Dank, dass Du das Rad benutzt.« Für Neugierige: auf *www.copenhagenize.com* gibt es reichhaltiges Anschauungs- und Bedenk-Material.

Der Begriff *copenhagenize* hat sich inzwischen im angelsächsischen Sprachraum für Städte eingebürgert, die den Radverkehr fördern und gegenüber dem motorisierten bevorzugen. Schließlich können in Innenstädten gut 70 % aller Wege zur Schule, zur Arbeit, zum Einkaufen und zu Treffpunkten genauso gut per pedes oder Pedale zurückgelegt werden. In London zum Beispiel dürfte dieses Ziel erst in ferner Zukunft erreicht werden – wenn überhaupt. Dort hofft die Verwaltung, bis 2025 auf einen Radanteil von sage und schreibe 5 % am Gesamtverkehr zu kommen.

In Kopenhagen gehört zu den beeindruckenden Elementen der integrierten Verkehrsplanung die jederzeit problemlos mögliche Kombination mit öffentlichen Verkehrsmitteln – sowohl die S- und U-Bahnen wie auch die Busse bieten deutlich ausgeschilderte Abstellflächen für Velos an, und nicht wenige Taxen ermöglichen mit Heckträgern die Mitnahme der Vehikel. Ganz zu schweigen von den Lasten- und Familienrädern, die größere Parkflächen als übliche Zweiräder benötigen – für sie werden stetig mehr Flächen bereitgestellt. Dass Kopenhagen alles dafür tut, zu einer Metropole der »cargo bike culture« aufzusteigen, kommt hinzu. So soll das eine Weile von der EU mit geförderte Projekt »Cycle Logistics« Gewerbetreibende, Händler sowie kommunale Betriebe und Dienste dazu verleiten, sich von Kfz-Transportern zu verabschieden und möglichst Lastenräder einzusetzen.[42] Aber halt, eine kritische Notiz soll nach all dem Lob nicht fehlen – sie findet sich vorsichtshalber in der Endnote.[43]

Zu Beginn der 1930er Jahre tummelte sich ein deutscher Tourist in Kopenhagen, der seine Erfahrungen gern unter dem Pseudonym Peter Panter publizierte. Ihn faszinierte ausgerechnet das gar nicht »so muffige« Polizeipräsidium in Kopenhagen:

»Ein bezauberndes Stück Architektur. Ein Riesengebäude, das zwölfeinhalb Millionen Kronen gekostet hat; sauber, sachlich, einfach und praktisch. Es hat einen kreisrunden Hof, der zum schönsten gehört, was man sich denken kann. Wenn, wie man mir erzählt hat, der Geist der Verwaltung ebenso ist wie diese Architektur … glückliches Dänemark! Und in diesem Polizeipräsidium haben sie unten im Erdgeschoß die verlorenen Fahrräder eingesperrt. Da hängen sie. Kopenhagen, wie männiglich bekannt, ist die Stadt der Fahrräder; es soll Kopenhagener geben, die keines besitzen, aber das glaube ich nicht. Wenn die Kinder anderswo zur Welt kommen, schreien sie – in Kopenhagen klingeln sie auf einer Fahrradklingel. So viele Fahrräder gibt es da.
Im Polizeipräsidium hängen 1372 Fahrräder, alle mit dem Kopf nach unten, wenn das nicht ungesund ist! Alte und junge, fröhliche und traurige, auch die Kinderabteilung: da hängt ein kleiner ›Roller‹, mit dem die Kinder spielen, und drei Motorräder sind auch da. Alles das wird monatlich einmal verauktioniert.
›Ja, holen sich denn die Leute ihre Räder nicht ab?‹ – ›Nein‹, sagt der dicke Mann vom Präsidium, ›viele nicht. Sie kaufen sich einfach ein neues. Ein Fahrrad, was ist denn das!‹ In Kopenhagen scheint es den Wert eines Zahnstochers zu haben.
[…]
Schade, daß Fahrräder nicht mit dem Schwanz wedeln können. So ein Rad bringt nachher auf der Auktion nicht viel ein, zwanzig Kronen etwa. Dafür kann man es schon wieder verlieren.
Wenn man es aber nicht verliert, dann fährt man damit, und in Kopenhagen kann man sich für sein Fahrrad Luft kaufen.

Wie bitte? Luft kaufen, ganz richtig. Der Fahrradmann geht an eine automatische Pumpe, wirft fünf Öre hinein und pumpt sein Rad voll. Das trinkt und dann rollt es vergnügt weiter. So ein Land ist das.

Da hängen sie. Alle an langen Gestellen, und sie sind doch so verschieden voneinander. Manche sehen zornig aus, manche heiter, manche schlafen. Man müßte Andersen bitten, hier einen Nachmittag lang herumzugehen – was gäbe das für ein hübsches Märchen! Ob Fahrräder lebendige Junge bekommen? Da hängen sie. Sauber und freundlich ist es, praktisch und vernünftig eingerichtet. Schade, daß in den Staaten der Welt nicht alles so gut funktioniert wie die Fundbüros. Es wäre eine Freude, zu leben. Hundert Meter weiter, im selben Haus, werden Menschen aufbewahrt: Untersuchungsgefangene. Und das sieht dann gleich ganz anders aus. Mit 1372 Fahrrädern ist eben leichter fertig zu werden als mit vier lebendigen Menschen.«[44]

Woran erinnert mich dieser Text nur, übrigens von keinem Geringeren als Kurt Tucholsky (1890–1935)? Jetzt hab ich's – ans Bremer Fundamt, da geht es ähnlich zu. Pilot- und andere Projekte mit den auch elektrisch unterstützten »Arbeitspferden« der Zukunft laufen vielerorts, seit einigen Jahren auch in Deutschland – etwa *Ich ersetzte ein Auto*.[45] Der seit Längerem vor allem durch Internetbestellungen förmlich explodierende Warenstrom führt in den Wohngebieten zu einer immer höheren Verkehrsbelastung und stellt die Zustelldienste vor komplexe Herausforderungen. 50 bis 100 kg können übliche Lastenräder transportieren, dreirädrige bewältigen noch mehr. 20 000 km Jahresfahrleistung eines durch Bakfietse, Bullits usw. ersetzten Diesel-Transporters ersparen der Umwelt nach Angaben des Verkehrsclubs Deutschland 5 Tonnen CO_2. Die Vehikel könnten bei einem angenommenen Radius von 7 km, 250 kg Ladegewicht und einem Kubikmeter Ladevolumen immerhin die

Sinnbild »Radverkehr« der StVO seit 1992

Hälfte aller Lieferfahrten mit Kraftfahrzeugen ersetzen.[46] Wenn auch die Politik dafür die notwendigen Weichen stellt, versteht sich. Die EU hat sich jedenfalls auf dem geduldigen Papier bis 2030 eine CO_2-freie Innenstadtlogistik zum Ziel gesetzt. Bislang kommen Lastenräder hierzulande im Paketverkehr der dominanten Unternehmen nur sehr spärlich zum Einsatz, und die seit den 1980er Jahren aktiven Radkurier- und Botendienste haben im Zuge der Digitalisierung des Geschäftslebens durchaus zu kämpfen. Sie müssen sich – wie es so merkwürdig heißt – neu erfinden, um durch ausgeweitete Serviceofferten den Fuß auf der Pedale halten zu können. Um die 5000 Fahrradkuriere waren um 2014 wohl in Deutschland unterwegs.[47] In Bremen zumal der »radelnde Installateur« und seine Mitarbeiter. Sie legen jährlich um die 5000 km zurück – und das selbst bei Regen und Schneefall. Das notwendige Werkzeug transportieren die Handwerker auf den Diensträdern, links und rechts am Gepäckträger sind Alukoffer befestigt, obenauf ruht die Werkzeugkiste.

Teile mit einem Gewicht über 50 kg lassen sich die Installateure vom Händler direkt zur Baustelle liefern.[48]

Zu den traditionell »sattelgewandten« Berufstätigen gehören die Zeitungs- und Postzusteller. Allein bei der Deutschen Post sind um die 25 000 speziell gefertigte Maschinen täglich im Einsatz, legen alle Briefträgerinnen und Briefträger täglich bis zu 300 000 km zurück. In den weniger flachen ländlichen Bezirken erleichtern E-Bikes und -Trikes den ohnehin Wind und Wetter ausgesetzten Zustellern das Vorankommen. Da sie pro Tour über 500-mal auf- und absteigen müssen, erleichtern ihnen niedrige Einstiege und ein stabiler Ständer die Arbeit. Auch viele Zeitungszusteller nutzen gern das Rad als Arbeitsgerät – in der Regel ihr eigenes, für das die nicht gerade freigebigen Zeitungsverlage spezielle Packtaschen bereitstellen. Wenn mich meine Augen nicht täuschen, sehe ich auch wieder häufiger Polizisten muskelkräftig in die Pedale treten – Bürgernähe *und* Umweltfreundlichkeit sind im Paket schließlich nur per pedes oder auf dem Stahlross zu haben.

Wenn in Deutschland etwas boomt, dann ist es Radtourismus. Eben deshalb werden einschlägige Angebote in vielen Regionen inzwischen als »wichtiger Grundbaustein« der touristischen Vermarktung betrachtet und entsprechend – auch mit Fördermitteln der EU – gezielt ausgebaut. Es existieren bereits weit mehr als 300 Radfernwege, die eine gute Ausschilderung, Wetterschutzhäuschen und andere Annehmlichkeiten bieten.[49] Mensch kann sogar abseits dieser Routen seiner Radlust frönen, zum Beispiel bei einer von diversen Veranstaltern offerierten Alpenüberquerung, sagen wir mit dem Mountainbike von Imst zum Gardasee.[50] Was den Fernradfahrern zukünftig das Unterwegssein erleichtern könnte, soll der vom Bundesministerium für Verkehr und digitale Infrastruktur initiierte Radweg »Deutsche Einheit« zeigen, der zwischen der Bundesstadt Bonn und der Hauptstadt Berlin entsteht: »Neben der Präsentation von rund 100 touristischen und kulturellen Highlights wird der Fokus dieses modernen Radwegs besonders auf digitale Funktionalitäten und elektromobiler Infrastruktur liegen. Kern der Route werden Fahrrad-Raststätten – die sogenannten Radstätten – sein, die in vier Varianten in modularer Bauweise entlang des Radwegs errichtet werden sollen. Sie werden mit freiem WLAN-Zugang, integrierten Touchpads und der Unterstützung für E-Bike-Nutzer einen zeitgemäßen Service bieten.«[51]

Laut Angaben des *Deutschen Tourismusverbands* erzeugen die radelnden Urlauber jährlich rund 10 Milliarden Euro Bruttoumsätze und tätigen mindestens 22 Millionen Übernachtungen pro Jahr. Die von Bundesministerien unterstützten Kampagnen wie »Deutschland per Rad entdecken« zahlen sich wahrlich aus.[52] Laut einer repräsentativen Studie von 2010 haben rund 15 Millionen Einwohner der Bundesrepublik schon einmal einen Radurlaub mit mindestens einer Übernachtung unternommen, machen mehr als 46 Millionen Erholung suchende Bürgerinnen und Bürger mehr oder weniger regelmäßig Radausflüge ohne Übernachtung.[53]

Apropos Auszahlen: Im Herbst 2015 unterzeichneten die EU-Verkehrsminister die *Declaration for Cycling*, die die Steigerung des Radverkehrs in den EU-Mitgliedsstaaten zusätzlich politisch beflügeln soll. Die in der Präambel des Dokuments genannten vier Gründe für diese Zielsetzung lauten:

»1. Innovation: Das Fahrrad und die Fahrradindustrie sind ein wichtiger Faktor für die europäische Wirtschaft – der Innovationsgeist wird auch zukünftig Arbeitsplätze schaffen und sichern.

2. Umwelt: Fahrräder sind das umweltfreundlichste Fortbewegungsmittel überhaupt: Betrachtet man Produktion, Wartung und Emissionen als Gesamtpaket, ist der ökologische Rucksack beim Fahrrad sehr viel leichter als bei allen anderen Fortbewegungsmitteln.

3. Gesundheit: Kinder, die zur Schule radeln, können sich

nachweislich besser konzentrieren, Arbeitnehmer sind produktiver. Laut der WHO könnten außerdem 100 000 Todesfälle jährlich verhindert werden, würde jeder nur 15 Minuten täglich auf einem Fahrrad verbringen.

4. Finanzielle Vorteile: Erhöhter Fahrradverkehr hilft nicht nur der Industrie, sondern fördert auch das individuelle Kaufverhalten und erhöht die Energieeffizienz, was wiederum eine finanzielle Entlastung für viele Sektoren darstellt.«[54]

Die in Punkt 1 und 4 genannten wirtschaftlichen und finanziellen Argumente – einschließlich der angestrebten Förderung des individuellen Kaufverhaltens – sind nicht von der Hand zu weisen, oder? Gegenwärtig arbeiten in Deutschland ca. 700 000 Einwohner für die Autobranche und ca. 50 000 für die Fahrradindustrie. Die bedeutenden deutschen Hersteller – Derby Cycle, Union Cycle, Mifa – sind keine »Jobmotoren« im eigentlichen Sinn. Bei Derby Cycle in Cloppenburg produzieren ca. 700 Beschäftigte rund eine halbe Million Fahrräder im Jahr – in etwa ein Achtel der deutschen Produktion. Bei Cycle Union in Oldenburg arbeiten ca. 200 Mitarbeiter, die eine Jahresproduktion von 125 000 Zweirädern erzielen. Allerdings hält sich die Wertschöpfung in Grenzen, ist die deutsche Fahrradindustrie doch von global agierenden Zulieferern überwiegend aus dem asiatischen Raum abhängig. Immerhin behauptet der Fahrradfachhandel mit einem Anteil von gut 70 % eine gute Stellung im Vertrieb. Auch tragen kleinere spezialisierte Hersteller und Werkstätten zum Branchenwachstum bei. 2015 wurden hierzulande 4,5 Millionen Fahrräder aller Art verkauft (im Jahr 2000 übrigens mehr als 5 Mio.), allerdings setzte die Autoindustrie zugleich 3,2 Mio. entschieden teurere und umweltschädlichere Kraftfahrzeuge ab.[55]

Der durchschnittliche Verkaufspreis für Velos lag um 2015 bei rund 500 Euro, was natürlich auch nicht wenig ist – zudem nehmen die Konsumenten auch für Zubehör aller Art viel mehr

Geld als früher in die Hand. Solange insbesondere die edlen Stahl- und Carbonrösser als Statusobjekt und Mittel für ein besonderes Lebensgefühl im Trend liegen, dürfte der Handel keinen Grund zum Klagen haben. Der Ausbildungsberuf Zweiradmechaniker hat jedenfalls schon deshalb Zukunft, weil sich die Drahtesel zunehmend in Hightech-Maschinen verwandeln; deren Wartung erfolgt freilich bei einer eher mäßigen Entlohnung nebst vielen sommerlichen Überstunden.[56] Dass die Branche selbst bei einem lange anhaltenden guten Konsum- und Radlustklima dazu in der Lage wäre, den hierzulande von der Autobranche – noch – gewährleisteten Beschäftigungsstand auch nur entfernt »einzuholen«, ist nicht anzunehmen. Ohne den – wie auch immer gesellschaftlich herbeigeführten – Ersatz der »automobilen« Arbeitsplätze durch andere, ebenso auskömmlich entlohnte, dürfte die von der EU bei einem steigenden Radverkehr vorhergesagte »finanzielle Entlastung für viele Sektoren« in Deutschland kein leichtes Unterfangen werden.

Rund um den 3. Juni finden in deutschen und vielen EU-Landen radfahrförderliche Aktionen und Sternfahrten statt. Anlass dafür ist der von der NGO Attac vor längerer Zeit ins Leben gerufene »Europäische Tag des Fahrrads«, der vor dem Hintergrund der steigenden Verkehrsdichte auf das umweltfreundlichste und zugleich gesündeste Fortbewegungsmittel aufmerksam machen will. Der Monat Juni hat für Radlustige in der Tat viel zu bieten. Denn im Juni 1817 fand die allererste Fahrt auf dem Zweirad statt. Das war ein wahrlich Geschichte schreibendes Ereignis, und ich werde es im folgenden Kapitel so gebührend wie auch kritisch würdigen.

Karl Drais oder: Urknall der individuellen Mobilität?

Was man nicht im Kopf hat, hat man in den Füßen – sagt der Volksmund. Was aber passiert, wenn Mensch was im Kopf und in den Füßen hat? Am 12. Juni 1817 startete Karl Friedrich Christian Ludwig Freiherr Drais von Sauerbronn (1785–1851) die erste bislang historisch belegte Ausfahrt auf einer lenkbaren einspurigen »Laufmaschine« im Großherzogtum Baden. Der zu jener Zeit in der Nähe des Mannheimer Schlosses lebende Mann im besten Alter hatte ein Zweiradmodell entwickelt und vom Stellmacher Johann Frey bauen lassen. Mit diesem Vehikel fuhr der Freiherr von seinem Wohnhaus zum damaligen Schwetzinger Relaishaus (der Pferdewechselstation) und wieder zurück. Klug wie er war, nutzte er für die Testfahrt die das kurfürstliche Residenzschloss mit der Schwetzinger Sommerresidenz verbindende Chaussee – eine der wenigen schon durchweg befestigten Straßen. Für die gut 14 km lange Ausfahrt benötigte Drais der Überlieferung zufolge nur eine knappe Stunde und war damit mehr als doppelt so schnell wie die Pferdepost. Das *Badwochenblatt für die Großherzogliche Stadt Baden* berichtete Ende Juli 1817 über die neuartige Laufmaschine:

»Die Haupt-Idee der Erfindung ist von dem Schlittschuhfahren genommen und besteht in dem einfachen Gedanken, einen Sitz auf Rädern mit den Füßen auf dem Boden fortzustoßen. Die vorhandene Ausführung insbesondere besteht in einem Reitsitz auf nur zweischühigen, hintereinander laufenden Rädern, um auf allen Fußwegen der Landstraßen fahren zu können, da diese den ganzen Sommer durch fast immer sehr gut sind. Man hat dabei zur Erhaltung des Gleichgewichts ein kleines gepolstertes Brettchen vor sich, worauf die Arme aufgelegt werden, und von welchem sich die kleine Leitstange befindet, die man in den Händen hält, um den Gang zu dirigieren.«[1]

Apropos »Schlittschuhfahren«: Hölzerne Schlittschuhe waren bereits im 14. Jahrhundert in Nordeuropa nichts Ungewöhnliches. Da der aus Holz gefertigte Untersatz nebst Eisenbeschlag nicht locker glitt, brachten sich die Läufer zunächst mit Stöcken in Schwung. Als in den Niederlanden um das Jahr 1500 Kufen mit zwei Kanten und einer Nut dazwischen ihre Bewährungsprobe bestanden hatten, konnten die Eisläufer fortan ohne Hilfsmittel in Fahrt kommen. Zu einem beliebten männlichen Wintervergnügen entwickelte sich das Schlittschuhlaufen im 18. Jahrhundert – in deutschen Landen spätestens nachdem die vom Eislauf begeisterten jungen Dichtergrößen Goethe und Klopstock es hymnisch gepriesen hatten (Klopstock z. B. in *Der Eislauf*). Frauen wurden zu jener Zeit schon der Schicklichkeit wegen auf den Stuhlschlitten verbannt. Ob der junge Freiherr von Drais das Balancieren bereits auf Schlittschuhen erprobt hatte, wissen wir mangels Überlieferung nicht. Kalt genug war es in den Wintern während seiner Jugendzeit jedenfalls.

Indem er sich mit den Füßen am Boden abstieß, bewältigte der Baron, der sich nach der Badischen Revolution 1849 bürgerlich schlicht Karl Drais nannte, die erste überlieferte Laufmaschinentour mit einer Geschwindigkeit von etwa 14 km/h. Er war damit auf seinem um die 22 kg wiegenden Vehikel erheblich flotter als ein »Fußgeher« vorangekommen. Und nicht nur das. Die von ihm ausgetüftelte Basisinnovation eines leichten lenkbaren Gefährts mit zwei linear hintereinander angeordneten Laufrädern revolutionierte die individuelle Mobilität durch Muskelkraft, indem sie die Muskelkraft potenzierte. Sie ist schon deshalb bemerkenswert, weil sich Karl Drais nicht an Vorbildern in der Natur orientieren konnte. In der Patentschrift von 1818 verdeutlicht er die prinzipiellen Vorzüge seiner Laufmaschine, die er alternativ auch als »Velociped« bezeichnete, so:

1.) Berg auf geht die Maschine, auf guten Landstraßen, so schnell, als ein Mensch in starkem Schritt.

2.) Auf der Ebene, selbst sogleich wie nach einem starken Gewitterregen, wie die Staffetten der Posten, in einer Stunde 2.

3.) Auf der Ebene, bei trockenen Fußwegen, wie ein Pferd im Galopp, in einer Stunde gegen 4.

4.) Berg ab, schneller als ein Pferd in Carrière. [...]

Zur Grundlage meiner Theorie bediente ich mich des sehr bekannten Mechanismus des Rades und wendete dasselbe in einfachster Weise auf den Gang des Menschen an. Mit Bezug auf die Kraftersparnis kann man also diese Erfindung mit der (sehr alten) Erfindung der gewöhnlichen Wagen vergleichen. Gerade wie das Pferd vermittelst eines gut gebauten Wagens mit größter Leichtigkeit sowohl des Wagens, als auch die darauf befindliche Last ziehen kann, obwohl es die Last allein auf dem Rücken nichttragen könnte, so kann auch der Mensch mittelst des Velocipeds (dessen Gestell und Naben sehr leicht sind) seinen Körper leichter befördern, als wenn das ganze Gewicht auf den Füßen desselben ruht. Diese Thatsache ist umsomehr unbestreitbar, als man mit dem Velociped, welches nur in einer Spur läuft, fast immer die besseren Theile des Weges benutzen kann. Auf einem harten, festen Weg gleicht die Geschwindigkeit des Velocipeds ungefähr der eines geübten Schlittschuhläufers, wie denn beide Bewegungen im Princip dieselben sind.

Das Velociped läuft thatsächlich, während der Fahrer sich kurze Zeit ausruht, mit derselben Geschwindigkeit, als wenn die Füße in der größten Bewegung bleiben, und bergab schlägt es die besten Pferde um eine bedeutende Strecke, ohne dass man dabei häufigen Unglücksfällen ausgesetzt ist, weil man unabhängig von der Bremse, welche sich durch die Bewegungen eines Fingers anwenden lässt, stets in der Lage ist, seine Maschine mittels der Füße anzuhalten.[2]

Das beim Zweiradfahren erforderliche Balancieren bzw. das Halten des Gleichgewichts muss Mensch wie auch beim Schlittschuhlaufen erst einmal einüben. Dahin zu lenken, wohin das im labilen Gleichgewicht befindliche Gefährt gerade kippt bzw. das notwendige stete korrigierende Lenken nach rechts und links zum Gleichgewichtserhalt sind für Anfänger nach wie vor gewöhnungsbedürftig. Karl Drais, der das von ihm entwickelte Zweirad quasi problemlos beherrschte, verstand es nun besser als so manche Verfasser heute üblicher Gebrauchsanweisungen, die Handhabung und Beherrschung seiner Laufmaschine bzw. des *Velocipeds* (eine Zusammenziehung der lateinischen Wörter *velox* und *pes* = Schnellfuß) in Worte zu fassen:

»Nachdem man sich über dasselbe [...] gestellt hat, die Ellbogen nach außen und den Körper etwas nach vorn gehalten, stütze man die Arme auf das Balancierbrett und versuche das Gleichgewicht zu halten, indem man leise auf das Brett nach der Seite drückt, auf welcher sich dasselbe zu heben beginnt. Die leicht bewegliche Lenkstange wird mit beiden Händen gehalten, und dient dazu, dem Velociped die Richtung ganz nach Wunsch angeben zu können, jedoch muß dies so geschehen, daß die Räder soviel wie möglich in einer geraden Linie laufen. Das Lenken ist nur mit den Händen auszuführen, weil die Arme bis zum Ellbogen nur das Gleichgewicht zu halten haben, während die Hände die Richtung angeben. Man muß versuchen, sich ein richtiges Gefühl für die Schwankungen des Velocipeds anzueignen. Alsdann stelle man die Füße leicht auf den Boden, und mache in der Richtung der nach vorn laufenden Räder große Schritte. Im Anfang mache man langsame Schritte und achte darauf, die Hacken nicht zu sehr nach innen zu nehmen, damit sie nicht in das Hinterrad gerathen. Um nach und nach die sich entgegenstellenden Schwierigkeiten zu überwinden, mache man die ersten Versuche auf einer glatten Straße, oder noch besser einem Platze von genügender Ausdehnung. Erst nachdem man die vollkommene Fertigkeit im Halten des Gleichgewichts und im Lenken des Velocipeds erreicht hat, darf man versuchen, die Bewegung der Füße zu vergrößern, und dieselben häufig in der Luft zu halten (während die Maschine mit großer Geschwindigkeit rollt), um sich ausruhen zu können.«[3]

Das von Karl Freiherr Drais von Sauerbronn in die Welt gesetzte Zweiradprinzip sorgte zunächst für einiges Aufsehen. Zwischen 1817 und 1820 waren Laufmaschinen in deutschsprachigen Landen, in Frankreich und England en vogue und stießen in den USA zumindest auf die Gegenliebe von Studenten. Zu einem allseits begrüßten alternativen Verkehrsmittel im Alltag der in jener Zeit zur Fortbewegung massenhaft auf ihre Füße angewiesenen Menschen avancierten die von der Presse auch als »Draisinen« oder »Reisemaschinen« bezeichneten Artefakte jedoch nicht. Da sie für das gemeine Volk viel zu teuer waren, blieben sie fast ausschließlich ein Steckenpferd von jüngeren Angehörigen des Adels und gehobenen Bürgertums. Bezeichnenderweise berichtete der in begüterten Verhältnissen aufgewachsene Staatsmann Otto von Bismarck 1893 bei einer Verbandsveranstaltung: »Ich bin bereits vor 70 Jahren Radfahrer gewesen und zwar auf der alten Draisine, welche mit den Fußspitzen auf dem Boden fortbewegt worden ist. Die Geschwindigkeit war auf ebenem Wege vielleicht annähernd dieselbe wie die jetzt von ihnen erreichte.«[4] Zurück zu dem Mann, der die erste Laufmaschine ins Laufen brachte.

Karl Drais kam am 29. April 1785 in Karlsruhe zur Welt. Sein Vater war der badische Oberhofrichter Karl Friedrich Wilhelm Ludwig Freiherr von Drais, sein Pate der Großherzog Karl Friedrich, der ihn zeit seines Lebens förderte. Der junge Mann erhielt nach dem Schulbesuch eine Ausbildung im Forstdienst und studierte anschließend Mathematik, Physik, Baukunst und Landwirtschaft. 1808 trat er eine Stelle am Oberforstamt Offenburg an, freilich hielt sich sein Interesse an dem Dienst in Grenzen. 1810 entband ihn sein großzügiger Pate prompt von den Arbeitspflichten eines Badischen Forstmeisters – die Dienstbezüge gewährte der Großherzog jedoch weiterhin.

Karl Drais war vernarrt in die Technik, liebte mathematische Herausforderungen und entwickelte unentwegt neuartige Geräte und Ideen. Zu seinen zahlreichen Erfindungen gehört neben der Laufmaschine nicht zuletzt eine der ersten funktionalen Stenografiemaschinen. Das von ihm entwickelte »dyadische Rechensystem« barg bereits Ansätze der später von George Boole perfektionierten Binär-Schaltalgebra in sich. Als nützlich erwiesen sich zumal seine bereits 1813/14 entwickelten fußkurbelbetriebenen vierrädrigen Fahrmaschinen. Zwar nicht für den eigentlich gedachten Zweck, denn sie ließen sich nicht ausreichend gut über die morastigen oder sandigen, von tiefen Furchen durchzogenen Straßen jener Tage vorwärtsbewegen. Später aber schon – als mit Muskelkraft bewegte Eisenbahnfahrzeuge zur Streckenkontrolle, sprich als vierrädrige Draisinen. Drais erprobte übrigens eine solche 1842 mit Genehmigung der Staatseisenbahn in Karlsruhe. Heute sind Draisinen mit Tretantrieb auf stillgelegten Strecken ein viel beworbenes touristisches Angebot.

Von der Last der Forstmeisterpflichten entbunden und frei von materiellen Sorgen verlegte der Freiherr 1811 seinen Wohnsitz nach Mannheim in das Haus seines Vaters.[5] Hier widmete er sich wohl spätestens um 1812/13 der Problemstellung Rad und Körperkraft und erkannte, dass ein Fußgeher bei jedem einzelnen Schritt seinen Schwerpunkt hebt und dabei Energie verbraucht, die nicht der Vorwärtsbewegung dient, während die Beinarbeit in Kombination mit Rädern bei gleichem Energieaufwand eine größere Reichweite bzw. höhere Geschwindigkeit ermöglicht. In den Beinen, das war ihm klar, wohnt vor allem »mehr Kraft als in den Armen«. Und eben weil sich seine mehrspurigen Fahrmaschinen als ungeeignet erwiesen, kam ihm wohl um 1816 der Gedankenblitz, Versuche mit einem einspurigen Modell zu machen – schließlich haben zwei Räder den halben Reibungswiderstand von vier, lassen sich mit einem einspurigen Vehikel leichter die »besseren Theile des Weges benutzen«. (Nicht lenkbare und damit unpraktische Zweiräder sollen im Nürnberger Raum ab Mitte des 18. Jahrhunderts hergestellt worden sein.[6])

Die Drais'sche Laufmaschine, deren erhaltene Exemplare ziemlich klobig und simpel wirken, war durchaus ein kleines technisches Wunderwerk. So bevorzugte der Erfinder aus Gründen der Gewichtseinsparung die Verwendung von langjährig getrocknetem Waldeschenholz, setzte auf schmale Speichen und dergleichen mehr. Der Technikhistoriker und langjährige Drais-Forscher Hans-Erhard Lessing erhellt:

»Die Räder waren schon ebenso groß wie heute und hatten 27 Zoll Durchmesser, heute 26 bis 28 Zoll. In den Radnaben befanden sich Messing-Gleitlager zur Reibungsminderung, die im Kutschenbau noch lange nicht üblich waren, heute ersetzt durch Kugellager. Zur Schmierung mit Baumöl (Olivenöl) hat die Nabe eine mit einem Stecker verschließbare radiale Bohrung. Zwei mittels Flügelmutter ablassbare Stützen mit Stahlspitze vorn gestatteten, die Laufmaschine aufrecht zu parken […]. Die Laufmaschine hatte optional hinter dem Fahrer ein Brett, die ›Fassung‹ für einen Mantelsack. […]. Das Vorderrad hatte Drais als Nachlaufrolle konzipiert […]. Die lotrechte Drehachse der Lenkung lag nicht über der Vorderachse, sondern etwa 15 Zentimeter davor. Dadurch stellte sich das Vorderrad nach einer Auslenkung selbst wieder gerade. Allerdings hebeln an solch exzentrischer Lagerung nun erhebliche Kräfte, die aufzufangen ein halber Drehschemel vorgesehen wurde, die damals sogenannten Reibscheite. Damit diese gut aufeinander gleiten konnten, wurden sie mit

Schmierseife bestrichen. Den Nachlauf zur Geraderichtung des Vorderrads haben die Fahrräder noch heute, wenngleich nun Kugellager alle Probleme lösen. [...] Eine weitere Erfindung Drais' für die Laufmaschine war die dosierbare Schleifbremse am Hinterrad. Sie war so neu, dass Drais sie vor den Raubkopierern auf den Kupferstichen [...] versteckte – lediglich die Schnur zu ihrer Bedienung ist zu sehen. [...] Bis dato wurden Kutschen entweder nur durch die Körper der Tiere gebremst oder durch einen Bremsschuh, der das Hinterrad blockierte und abschüssige Landstraßen ruinierte. Mit einem blockierten Hinterrad kann man aber nicht länger balancieren, wie jeder Zweiradfahrer weiß. Man muss die Bremse gefühlvoll dosieren können. [...] Die Ergonomie des Fahrzeugs war ebenfalls wohlüberlegt. Die Kraftübertragung vom Menschen auf die Maschine sollte nicht unangenehm über die Sitzfläche erfolgen, sondern durch die Unterarme auf das gepolsterte sogenannte Balancierbrett. Die leicht vornüber gebeugte Haltung erleichterte auch das rasante Vorwärtsgrätschen zur Fortbewegung von Mensch und Maschine.«[7]

Die hölzerne Laufmaschine mit dem – wahlweise – höhenverstellbaren Sitz wurde von Drais ab dem Sommer 1817 selbstbewusst als »praktisches Förderungsmittel zum Wohle der Menschheit« angepriesen. An allerlei Sonderausstattungen hatte er auch gedacht – er offerierte eine Mantelsackablage, einen seidenen »Schirm gegen Sonne und Regen«, ein »Windfang, um günstigen Wind zu benutzen«, eine Laterne, Vergoldungen usw. Eine Maschine »mit 2 Sitzen hintereinander, auf der 2 Personen zugleich fahren können, und auf der, nach hinlänglicher Uebung im Balanciren, immer einer fast ganz ausruhen kann«, hatte er auch auf dem Zettel.[8] In den von ihm verfassten Werbeschriften kam bereits der im heutigem Marketing gern ausgespielte gesundheitsförderliche Aspekt zur Sprache; die Maschine gewähre »Gesundheit und Vergnügen, um sich mit wenig Mühe in kurzer

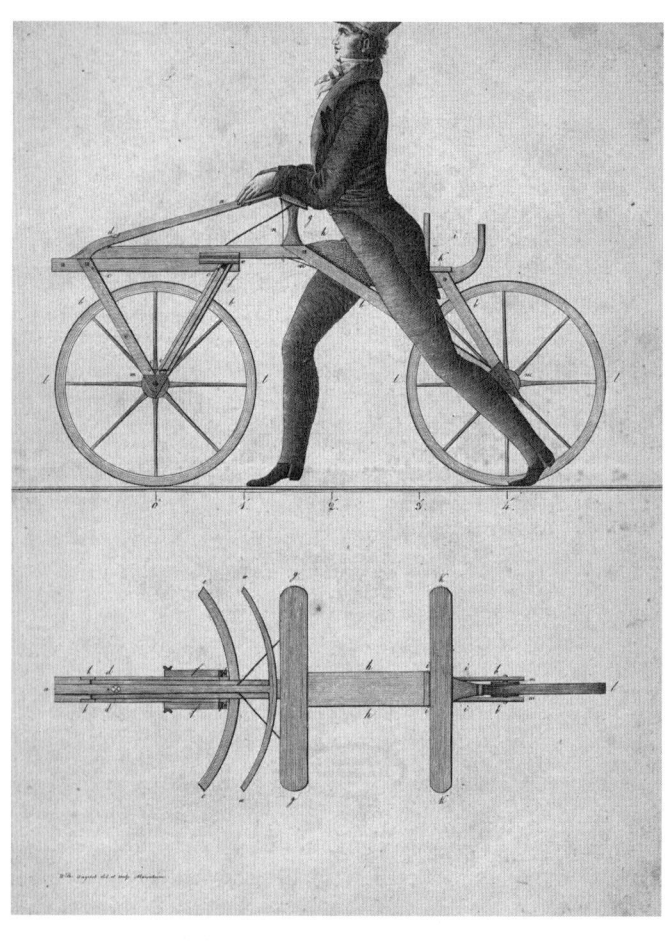

Die Laufmaschine des Freiherrn Karl von Drais.
Abbildung in einer Broschüre von 1817

Zeit viel Bewegung auf angenehme Art machen«, ließ der Freiherr wissen.

Nachdem er im zweiten Halbjahr 1817 durch mehrere öffentliche Demonstrationsfahrten und einige Zeitschriftenartikel bewirkt hatte, dass seine Laufmaschine als »eine der wichtigsten Erscheinungen auf dem Gebiet der mechanischen Wissenschaften« ins Gespräch gekommen war, bemühte er sich »zur weiteren Ausführung dieser und anderer Ideen« um Erfindungspatente im In- und Ausland. Die Chance, mit dem Zweirad das Geschäft seines Lebens zu machen, wollte er sich nicht entgehen lassen. Da freilich schon im Herbst 1817 diverse Mechaniker und Wagner von Drais nicht genehmigte Nachbauten – »Reitmaschinen« und »Reisemaschinen« – feilboten, war guter Rat teuer. Der Freiherr ließ sie deshalb umgehend wissen:

»Aber so gut als ein Autor gegen den Nachdruck sich erklärt, will ich einstweilen mein Eigenthum der Sache gegen das Nachmachen ohne meine erworbene Einwilligung verwahren; jedoch biete ich zugleich einen Ausweg an, indem ich das Zartgefühl der Herrn Verkäufer und Käufer von solchen Maschinen, welche nach meiner Erfindung gearbeitet werden wollten, dafür anspreche, daß für jedes neu entstehende Exemplar mein Zeichen, bestehend in einem silbernen Plättchen mit meinem Wappen und der fortlaufenden Nummer etc. etc. gegen eine vollwichtige Carolin, oder zwei Ducaten oder 11 [Gulden] rheinisch, allenfalls in Wechsel auf Frankfurt a. M., als Honorar bei mir selbst eingelöst und sichtbar vorne an der Maschine durch Schrauben befestiget werde. […] Ich verspreche dagegen, daß diese hier beschriebenen Zeichen für die Dauer meiner ganzen zu hoffenden Privilegienzeiten gelten sollen […].
Diejenigen, welche, gleich Mehreren, die mich um die alsbaldige Besorgung solch einer Laufmaschine unter Anlegung eines Wechsels ersucht haben, ein gleiches noch zu thun vor-

hätten, habe ich die Ehre zu bemerken, daß ich nicht weiß, ob nicht im künftigen Jahre etwa veränderte Dienstverhältnisse mir selbst die Besorgungen unmöglich machen, und daß ich überhaupt darauf bedacht bin, dieselbe an eine unternehmende Fabrik zu überweisen. Ehe aber eine solche befriedigend in Gang gesetzt ist, und allemal wenigstens bis zu Ende des Jahres, will ich mit Vergnügen mich der Detailbesorgung unterziehen, und selbst auf die genaue Arbeit sehen, ersuche aber diejenigen, welche hierauf noch weitere Wechsel senden wollen, mir zugleich die Spaltlänge von ihren Beinen anzugeben, um die Höhe des Sitzes zu bestimmen. Die Fertigung kann in der Regel, mit Einschluß des Trocknens der Farben, in einem Monat geschehen ...«[9]

Zu den ersten Käufern einer mit vielen Extras ausgerüsteten Drais'schen Laufmaschine gehörte im Herbst 1817 Graf von Reuttner zu Weil. Sie dürfte das kompletteste aller noch existierenden Originale sein und ist im Deutschen Museum in München ausgestellt. Die Maschine weist zusätzlich eine Höhenverstellung des Sitzes, eine Schmutzfängerhalterung, eine Schleifbremse und einen Bagageträger auf. Die silberne Lizenzmarke mit dem Drais'schen Wappen an der Lenkstange kann auch bewundert werden.

Nach einigem Hin und Her erhielt Karl Drais am 12. Januar 1818 endlich ein Großherzogliches Privileg (Baden hatte damals kein Patentgesetz). Es sicherte ihm zumindest prinzipiell das zehnjährige Recht, in Baden für jede Laufmaschine eine Lizenzgebühr erheben zu können. Auch sollten fortan alle im Verkehr befindlichen Maschinen eine Lizenzmarke mit dem Drais'schen Wappen auf der Lenkstange vorweisen. Um für sein neuartiges Fortbewegungsmittel möglichst viel Aufmerksamkeit zu erzielen, schrieb der Erfinder diverse Artikel sowie Briefe an hochgestellte Persönlichkeiten und Herrscher wie etwa den König von Preußen. Zugleich beantragte er Patente bzw. Privilegien in

Preußen, Bayern, Österreich und der Stadt Frankfurt a. M. – sie kamen jedoch nicht zustande (evtl. in Preußen, die Akten sind jedoch verschollen).

Immerhin, in Frankreich erhielt Drais im Frühjahr 1818 ein fünfjähriges Brevet für das dort sogenannte *vélocipède*. Nun machte es die zu jener Zeit in Mitteleuropa praktizierte Kleinstaaterei zu einem schier aussichtslosen Unterfangen, auch nur einen halbwegs akzeptierten Patentschutz durchzusetzen. Zudem gab es noch keine wirksame transnationale juristische Verfolgung von einschlägigen Verstößen. (Ein Patentgesetz trat in Deutschland erst 1877 in Kraft.) Eben deshalb setzte Drais auf die Vergabe von gebührenpflichtigen »Privilegien« bzw. Lizenzen – ziemlich vergeblich jedoch, wie sich bald zeigte. So meldete im Dezember 1818 in London der Kutschenmacher Denis Johnson (ca. 1760–1833) ein englisches Patent für das von ihm andersartig konstruierte lenkbare Laufrad – das *Pedestrian Curricle or Velocipede* – an, und selbst im fernen New York reichte ein Mr. William Clarkson jr. im Juni 1819 ein Patent für ein *improvement in the velocipede* ein – vermutlich nach einer Begegnung mit Johnson, der nach New York gereist war, um für die Laufmaschine zu werben.[10]

Anfangs liefen die Geschäfte des umtriebigen Freiherrn gut, gingen zahlreiche Bestellungen ein. Herzöge und Großherzöge und andere Mitglieder des deutschen Adels orderten die Laufmaschine ebenso wie einige öffentliche Institutionen – etwa das Mannheimer Turninstitut und das Königlich Bayerische Institut zu Frankenthal. Allerdings nutzten an immer mehr Orten im In- wie Ausland geschäftstüchtige Wagner und Handwerker die detaillierte Zweiradbeschreibung des Erfinders umgehend für – teils stark abgewandelte – Nachbauten. Inwieweit es angemessen ist, sie wie Hans-Erhard Lessing als »Raubkopien« zu klassifizieren, lasse ich einmal dahingestellt – jedenfalls verstießen sie außerhalb von Baden und Frankreich (wo es auch einige »wilde« Nachbauer gab) nicht gegen die juristischen Gepflogenheiten. In der zeitgenössischen Presse und den vielen Kalendern mangelte es nicht an Beschreibungen und praktischen Hinweisen. Hierzulande bemerkenswerterweise in aller Regel mit dem anerkennenden Verweis auf den Schöpfer des neuen Fortbewegungsmittels. So erfuhren zum Beispiel die Zeitungsleserinnen und -leser in Sachsen *über die Draisine oder Reisemaschine, nebst Abbildung derselben, so wie sie in Dresden Ende des Jahres 1817 verfertigt werden:*

> »Unter die nützlichsten Erfindungen der neueren Zeit gehört unstreitig die vom Forstmeister Frhrn. Karl v. Drais zu Mannheim erfundene Maschine, womit eine Person, balancirend auf einem Reitsitze zwischen zwei hinter einander laufenden Rädern, welche, wie beim Schlittschuhfahren, vermittelst der Füße auf dem Erdboden fortgestoßen werden, mit der Geschwindigkeit eines austrabenden Pferdes von einem Orte zum anderen reisen kann. Diese Erfindung, welche in der Mannheimer Gegend durch dargelegte Proben sich bewährt, und daselbst nicht wenig Aufsehen erregt hatte, wurde auch in Dresden mit aller Aufmerksamkeit beachtet, und Mehrere verfertigten ähnliche Maschinen, und machten zum Teil damit Reisen von mehreren Stunden. Insonderheit aber fand sich, dass die Fahrmaschine des Wagners Schwalbach in der Pirnaischen Vorstadt [...] vorzüglich gut geraten war. Er machte damit in der Nähe der Stadt und nach entfernten Gegenden, als Tharand, Pirna, Zehist[a], Bühle u. s. w. hin, mehrere Proben, und fuhr damit auf ebenen Chausseen schneller, als die trabenden Rosse der vorüberfahrenden Equipagen, welche er vor den Augen vieler Zuschauer alsbald überholte.«[11]

Dresden entwickelte sich zu einem der Zentren von Drais nicht lizensierter Laufmaschinen – dort stellten mindestens fünf Unternehmer Nachbauten her. Überhaupt kamen ab 1818 nicht zuletzt in Frankreich und England unzählige Abwandlungen der originalen Drais'schen Laufmaschine in den Verkehr – teils mit eisernen Streben, in kompletter Metallausführung, mit hängenden Sitzen, Tierkopfverzierungen und anderen Besonderheiten mehr. Die meisten der Überlieferung zufolge freilich ohne die vom Erfinder vorgesehene – auf den Abbildungen nicht sichtbare – Schleifbremse am Hinterrad, »welche sich durch die Bewegungen eines Fingers anwenden« ließ. Dass sie den Lauf der Maschine in Gefahrensituationen effektiv abzubremsen vermochte (wie Hans-Erhard Lessing andeutet), halte ich für wenig wahrscheinlich.

Schon aufgrund der Berichterstattung in Zeitungen und Zeitschriften sowie der von Drais und zahlreichen Mechanikern durchgeführten Demonstrationsfahrten mangelte es keinesfalls am öffentlichen Interesse für das neue Fortbewegungsmittel. Allerdings lief nicht immer alles nach Plan. So wurden im Frühjahr 1818 einige Laufmaschinen über Kehl nach Paris gefahren, wo sie der Importeur Jean Garcin am 5. April im Stadtpark Jardin du Luxembourg vorführen ließ. Da der Erfinder selbst verhindert war, übernahm sein nicht ganz sattelfester Diener die Demonstrationsfahrt, die aufgrund einer abgefallenen Achsmutter frühzeitig beendet werden musste. Leserinnen und Lesern in Deutschland blieb dieser nicht gerade werbewirksame Vorfall keinesfalls vorenthalten, erschien doch in Cottas legendärem *Morgenblatt für gebildete Stände* kurz darauf eine Korrespondenz-Nachricht aus Paris:

»Mit den Draisinen, oder, wie sie hier genannt wurden, mit den Vélocipèdes wurde hier vor einigen Sonntagen ein öffentlicher Versuch im Luxemburger-Garten angestellt; die Hälfte des Eintritts-Geldes war den durch einen Brand [...] Verunglückten bestimmt; es fand sich zwar eine Menge Neugieriger ein, allein als der Versuch begann, kam dem Pariser Publikum diese Erfindung als eine solche Kinderey vor, daß es sich schämte, Zuschauer dabei abzugeben; ein Journal bemerkte, die Steckenpferde der Kinder und die Draisinen wären ungefähr dasselbe; da sie zu allerley Spott Anlaß gaben, und dadurch zur Tagesbegebenheit wurden, so haben zwey Wandeville-Dichter ein kleines Stück gedichtet, *les Vélocipèdes*, worin ein Postmeister vorkömmt, welcher, voll von Enthusiasmus für die Erfindung der Draisinen, seine Postpferde dem jungen Postreiter Clic-Clac überlässt, und künftighin nichts anders als Laufmaschinen halten will. Allein es treffen Fremde ein, die schnell weiter wollen, ihn über seine Maschine auslachen, und ihn in große Verlegenheit sezen, woraus ihn aber Clic-Clac mit den Pferden zu helfen weiß; daher bekömmt dieser die Tochter des Postmeisters, und der Erfinder der Laufmaschinen, welcher Hr. Fiacrenberg genannt wird, erhält den Abschied.«[12]

Nahm Freiherr von Drais diese Korrespondenz mit Humor auf? – Wohl kaum. Inzwischen hatte sich sein gesellschaftlicher Status geändert, war er vom Großherzog zum Professor der Mechanik ernannt worden. Allerdings war diese Anerkennung seiner Leistung mit einem finanziellen Nachteil verbunden, denn er willigte sozusagen im Gegenzug ein, seine aktive Forstlaufbahn zu beenden und den Status eines schlechter bezahlten Frühpensionärs anzunehmen. Insoweit hatte sich jedenfalls der verklausulierte Hinweis in seiner Werbeschrift vom Herbst 1817, er wisse nicht, »ob nicht im künftigen Jahre etwa veränderte Dienstverhältnisse mir selbst die Besorgungen unmöglich machen«, erfüllt. Nicht zu vergessen: Drais war ein Beamter; eine Nebentätigkeit als Händler war ihm dienstrechtlich untersagt. Auch seine Absicht, die für ihn vom Mannheimer Stellmacher Frey besorgte Laufmaschinenherstellung »an eine unternehmende Fabrik« zu übergeben, blieb eine papierene.

Außerhalb von Baden profitierten indes geschäftstüchtige Handwerker und Unternehmer eine Zeitlang nicht schlecht von der Laufmaschinenerfindung. Zumal die sich mehrenden Berichte von Draisinenreitern, die größere Distanzen mit einer Durchschnittsgeschwindigkeit von 13 km/h und mehr bewältigt haben wollten, allemal keine schlechte Werbung waren. Aus Jena etwa berichtete Goethe seinem Sohn August am 3. Februar 1818 u. a.: »… es ist mir sehr viel daran gelegen nicht retardirt zu werden, denn das Leben läuft doch schneller unter uns weg als das neu erfundene Räderwerk unter dem Hintern der Studenten…«[13] Wo die Studenten damals in Jena »auf den Laufrädern« herumfuhren, ergibt sich aus Goethes Tagebuch: »Im Paradies« – so heißt dort der Stadtpark.

Überhaupt, so schien es, stand der Laufmaschine die Zukunft offen und bestand zeitgenössischen Einschätzungen zufolge kein Zweifel daran, »daß diese wichtige Erfindung sich mit der Zeit immer mehr vervollkommnen werde, wenn der erfinderische Geist ferner über die etwa noch vorkommenden Schwierigkeiten reiflich nachdenkt, und ihnen mit Besonnenheit abzuhelfen sucht«.[14] Und die Überlegungen von Journalisten, für welche Personenkreise und Zwecke das Velociped eine besonders geeignete Verkehrsmittelwahl wäre, liefen auf wahrlich emanzipative Visionen hinaus:

»Hoffentlich werden in Zukunft auch Frauenzimmer sich dieser Art des schnellen Fortkommens bedienen, indem sie dabei allen Gefahren und Unglücksfällen, welche durch Pferde so oft veranlasst werden, ausweichen. Nur werden die Damen dann als Amazonen ihre Kleidung darauf einrichten müssen, welches ihrem erfinderischen Geiste nicht schwer fallen dürfte. […] Abgesehen davon, daß Drais' Erfindung, außer der Abkürzung und Erleichterung der Geschäftsreisen, auch eine Quelle ländlicher Freuden eröffnen, und öftere Besuche entfernterer Gegenden, gesellschaftliches Wettrennen u. s. w. veranlassen wird, so ist auch nicht zu übersehen, daß diese neue Art körperlicher Bewegung sehr vortheilhaft für die Gesundheit, und denen besonders zu empfehlen ist, welche eine sitzende Lebensart führen, aber an Hypochondrie oder Beschwerden des Unterleibes leiden, indem eine so angenehme und sanfte Bewegung des Körpers der heftigeren Erschütterung, welche man beim Traben und Galoppiren eines Reitpferdes aushalten muß, und dessen sich die, so mit Brüchen behaftet sind, der Vorsicht gemäß, enthalten müssen, weit vorzuziehen ist. Ungeübte und Anfänger im Fahren auf der Reisemaschine haben bemerkt, daß sie durch diese Bewegung stark erhitzt worden sind. Dieses rührt aber größtentheils von der Furcht, das Gleichgewicht zu verlieren, und von der Kraftverwendung, sich immer wieder ins Gleichgewicht zu bringen. Aber den geübten Fahrer greift diese Bewegung weit weniger an, und im Gegentheil die stete Gleichförmigkeit beim gewöhnlichen anhaltenden Gehen zu Fuße, wobei die Last des Körpers stets auf den Füßen ruhet, und dadurch ermüdet, fällt bei der Reisemaschine ganz weg, denn man sitzt hier immerwährend theils gerade, theils kann man sich vorwärts auf die Lehne legen, theils legt man sich auch beim Bergabfahren, rückwärts mit dem Körper, und hält man an, so ruhet man wie auf einem Stuhle. Selbst das Führen der Maschine auf schlechten Wegen ermüdet nicht mehr, als das Wandeln zu Fuße, weil man sich dabei mit den Händen auf sie stützen kann, und die fortzustoßende Last sehr unbedeutend ist.«[15]

Da in Städten wie etwa Dresden, München, London, Paris, Wien und ab 1820 auch in Mannheim die Maschinen stunden- und tageweise gemietet werden konnten, gab es für Unentschlossene zumindest die Chance, die neuartige Mobilitätsofferte auszuprobieren. Darüber hinaus versprach die Eröffnung von Draisinenschulen den ungeübten »Reitern« ein problemloses Einfahren und den diversen Unternehmern ein lohnendes Geschäft – in Wien z. B. kostete eine Stunde Unterricht auf der »zweifüssigen Fiakersurrogate« einen für das gemeine Volk unbezahlbaren ganzen Gulden. Ab dem Frühjahr 1819 betrieb der geschäftstüchtige Denis Johnson in London, der zu jener Zeit größten Stadt der Welt, gleich zwei »Hobbyhorse Riding Schools« (Strand und Brewer Street). *Hobby Horse*?

Johnson, der seinen Sohn im Frühjahr 1819 auf eine Vermarktungsreise durch England geschickt hatte, um den Verkauf seiner aus Metall konstruierten – auch als »Pedestrian Accelerator« beworbenen – Vehikel anzukurbeln, setzte beim Marketing auf genau die Kundschaft, die ihm als Kutschenhersteller mit Sitz am Covent Garden nur zu vertraut war: den Adel und die Oberschicht. Diese hatte zum einen keine Probleme mit dem hohen Verkaufspreis der neuartigen Maschine, und war zum anderen an einem Aufsehen erregenden Spielzeug hinlänglich interessiert. Selbst König George IV. und seine Höflinge nutzten das Hobby Horse für »Ausritte« an sonnigen Nachmittagen. Private Rennen mit hohen Wetteinsätzen verdoppelten gleichsam den Spaß – das erste fand wohl 1819 in Ipswich statt. Und damit auch die Ladys Freude am Balancieren gewinnen konnten, bot Johnson eine speziell für sie ausgelegte Maschine mit tieferem Einstieg und Bauchstütze an.

Insbesondere die jungen Aristokraten, die als sogenannte Dandys einen müßiggängerischen Lebensstil pflegten und demonstrierten, fanden Gefallen an der Laufmaschine, und prompt kam sie als »Dandy Horse« ins Gerede. Und zwar nicht zuletzt, weil populäre gesellschaftskritische Karikaturisten wie Thomas Rowlandson, Henry Thomas Alken und vor allem George Cruikshank, dessen Bruder Robert einen Verleger mit seiner Laufmaschine so schwer verletzt hatte, dass er bald darauf starb, die Dandys und ihre Laufmaschinen in satirischen Flugblättern immer kräftiger durch den Kakao zogen. Jede Woche erschienen mehrere neue Drucke mit anstößigen Draisinenszenen, die von den Händlern zur Belustigung der Passanten in die Fenster gehängt wurden und reißenden Absatz fanden (knapp hundert solcher Karikaturen erschienen allein 1819). Es dauerte nicht lange, da war es um die Zweiradmode geschehen – verloren nicht nur die Dandys das Interesse am

Hobby Horse und sattelten wieder aufs ohnehin standesgemäße Pferd um.

London, das sei am Rande erwähnt, hatte bereits zu Beginn des 19. Jahrhunderts einen überbordenden, vom Pferd abhängigen Fahrverkehr, der nicht selten Staus erzeugte. An Güterwagen, Omnibussen, zweirädrigen Kabrioletts und Kutschen mangelte es nicht. »Das charakteristische Aroma Londons, das die Nase mit vergnügter Erregung erkannte, war das der unzähligen Pferdeställe«, überliefert Roy Creswell. »Ein noch konkreteres Merkmal des Pferdes aber war der Dreck, trotz der Aktivität eines Bataillons von rotbejackten Jungens, die zwischen den Rädern und Hufen mit Eimer und Besen wirkten; die Eimer wurden in eiserne Behälter am Gehsteigrand ausgeleert, aber der Dreck überflutete trotzdem die Straßen über den Rinnstein hinaus mit butterbrauner Erbsensuppe oder überzog die Straßenoberfläche wie mit Schmieröl oder Kleie, zur Freude der Fußgänger. Und zu dem Dreck kam der Krach, der wiederum vom Pferd herrührte und wie ein mächtiger Herzschlag die inneren Bezirke von Londons Leben durchpulste. Es war etwas Unvorstellbares. Die Straßen in London waren gleichmäßig mit Granitsteinen gepflastert, und das Hämmern einer Unzahl von eisenbeschlagenen Hufen, der betäubende, trommelnde Rhythmus der Wagenräder [...]; das Gekreisch und Gedröhne und Geklirr und Geratter der Fahrzeuge, leichter wie schwerer; das Scheppern des Pferdegeschirrs, verstärkt durch das Geschrei und Gebrüll derjenigen unter den Kreaturen Gottes, die sich noch irgendwie verständlich machen wollten, verursachten einen Radau, der jenseits jedes Fassungsvermögens ist.«[16]

Ein Grund dafür, dass die Laufmaschinen in vielen Städten relativ plötzlich wieder aus der Mode kamen, waren die Unfälle. Die gegenüber Fußgängern bis zu viermal schnelleren Maschinen verursachten im überbordenden Verkehr der Metropole London und auch in anderen Großstädten so manche Karambolage. Der britische Mathematiker Thomas Stephens Davies

(1795–1851), der als Jugendlicher 1818 in Bath den Migranten Bernhard Seine aus Mannheim dabei beobachtet hatte, wie er auf einem nach Drais' Plänen gebauten Modell mit »mörderischer Geschwindigkeit« sicher die steilen Straßen hinabraste, erzählte später in einem viel gewürdigten Vortrag, dass seine Landsleute ab Ende des Jahres 1819 das Veloziped zunehmend kritischer beurteilten.[17]

Die sich in London häufenden Unfälle bewogen schließlich das namhafte Royal College of Surgeons zu der Warnung, Velozipedfahren sei gesundheitsgefährlich. Und die Ärzte waren nicht die einzigen, die die neue Fortbewegungsmöglichkeit in ein ungünstiges Licht rückten. Denn weil die Draisinenreiter schon aufgrund der fehlenden Federung der Maschinen die gut befestigten Gehwege und Pfade etwa im Hyde Park für ihre »Ausritte« nutzten, zog die Stadtverwaltung noch 1819 die rote Karte, untersagte das Befahren von Gehwegen und belegte es mit Geldstrafen. Eine Maßnahme im Übrigen, die zu jener Zeit auch andernorts die Bewegungsfreiheit des neuen Verkehrsmittels zumindest einschränkte, etwa in New York, Mailand und sogar Kalkutta – selbst in der Geburtsstadt der Drais'schen Laufmaschine, in Mannheim, war das Laufen mit den Velocipeden bereits im Dezember 1817 auf den Bürgersteigen untersagt worden. Zwar blieb es im Schlossgarten zunächst gestattet; 1822 aber war auch dort Schluss mit lustig. In London, so viel steht fest, verebbte die Laufmaschinenbegeisterung Ende des Jahres 1819 so plötzlich, wie sie 1818 aufgekommen war.[18] Denis Johnson, der allein in jenem Jahr ca. 300 Hobby Horses hergestellt und verkauft hatte, stellte das Business ein und baute fortan wieder nur Kutschen.

Nun bleibt trotz der Warnungen von Ärzten, dem Verbot des Befahrens von Gehwegen und auch des auf den Straßen unvermeidlichen Scheuens einiger allgegenwärtiger Pferde die Frage interessant, warum die Lust auf Draisinenfahrten fast schlagartig erlosch. Um 1820 hatte die als so fortschrittlich begrüßte neue Zweiradtechnik ihren Nimbus eingebüßt, war veraltet und erschien nun vielen sogar als rückschrittlich. Bevor ich nun auf die maßgeblich von Hans-Erhard Lessings Überlegungen geprägte, heute in fast allen populären Darstellungen und im Internet gepflegte Lesart eingehe, aufgrund der zu jener Zeit gerade überwundenen Klima- und Ernährungskatastrophe hätte das Veloziped nicht mehr gegen das Pferd konkurrieren können, zudem hätten »weltweite« Verbote der Laufmaschine den Garaus gemacht, möchte ich zunächst meine Sichtweise entfalten.[19]

An den – in Großstädten auch damals leicht zu »überfahrenden« – Verboten, die gepflasterten Trottoirs unter die eisenbereiften Räder zu nehmen, dürfte es nicht gelegen haben. So gab es in England wie auch in Frankreich bereits zahlreiche gut befestigte Straßen und Chausseen, wo Fahrten mit dem Velociped prinzipiell nichts im Wege stand. Zugegeben, der Viehtrieb und der Fuhr- und Postkutschenverkehr hätten sich zuweilen störend auswirken können. Aber bei einer massenhafteren Nutzung von Laufmaschinen wäre das gewiss – auch in Form zusätzlicher Ausweichmöglichkeiten – kein schwerer Hemmschuh geworden. Darüber hinaus standen auf dem Land, wo die Masse der Bevölkerung lebte und arbeitete, bei guten Witterungsbedingungen ausreichend trockene und feste Wege zur Verfügung, die für gegenseitige Besuche und die sonntags fälligen Gänge in bis zu zehn und mehr Kilometer entfernte Kirchen auf der Laufmaschine zumindest streckenweise hätten genutzt werden können. Velocipede hatten schließlich den von Karl Drais postulierten Vorteil, »nur in einer Spur« zu laufen und ermöglichten es, »fast immer die besseren Theile des Weges [zu] benutzen«.

Nun waren die angebotenen Laufmaschinen keine massenproduzierten Vehikel; sie wurden in Handarbeit gefertigt und waren teuer. Selbst im prosperierenden Industrieland England und zumal in deutschen Landen fielen als potentielle Kunden folglich genau die gesellschaftlichen Schichten bzw. Stände aus, die von jeher auf das Zufußgehen angewiesen waren, die sich keine Reitpferde oder Kutschen oder eine Fahrt mit der Postkutsche leisten konnten.

Vor allem aber, und das scheint mir der ausschlaggebende Grund für den so raschen Niedergang der Draisinenkultur zu sein, waren die Maschinen selbst nicht nur prohibitiv teuer, sondern auch bei weitem nicht so bequem und leicht handhabbar, wie so mancher zeitgenössisch-wohlmeinende Bericht suggerierte. Werbeprospekte der Hersteller und Vertriebsspezialisten sprechen eine Sprache, Erfahrungen von Käufern und Benutzern eine andere. Um das zu illustrieren, werde ich nun eine längere Passage aus der schönen Literatur heranziehen, die das konkrete Fahrerlebnis plastisch näherbringt. 1818 erschien in der *Leuchte*, einem *Zeitblatt für Wissenschaft, Kunst und Leben* eine Erzählung mit dem Titel: *Die Draisine*. Sie stammt aus der Feder des damals für seine Anekdoten und Texten für Frauen und Jugendliche bekannten Schriftstellers Karl Friedrich Müchler (1763–1857). In der in Berlin spielenden Geschichte erhält der Ich-Erzähler zu seiner Überraschung von seinem Oheim (Onkel) eine Laufmaschine geschenkt »um des Fußgehens überhoben zu seyn und mir auf eine bequeme Weise die nöthige Motion zu machen«. Und schon geht's los:

»Mein Arzt drang nun in mich, dies Wagen- und Pferde-Surrogat recht fleißig zu gebrauchen. Ich machte damit in dem Garten, der zu dem Hause meiner gemietheten Wohnung gehörte, mit Erlaubnis des Wirths, einen Versuch, wozu er mit seiner Familie nicht nur als neugieriger Zuschauer erschien, sondern wozu er auch noch ein halbes Dutzend seiner Bekannten aus der Nachbarschaft eingeladen hatte. Der Versuch lief ziemlich glücklich ab, da der Weg fest und eben war, ob zwar nicht ohne große Anstrengungen von meiner Seite, da ich mit Händen und Füßen, wie ein Balgentreter, arbeiten mußte.

Die erste kurze Tour im Garten hatte mich sehr abgemattet, doch ich dachte: aller Anfang ist schwer, und durch Uebung wirst du manchen Vortheil erlangen, den du jetzt noch nicht kennst. – Wenn dies nicht der Fall ist, so scheint es tausendmal besser, auf seinen zwei Beinen umherzuschreiten. – Zu Fuße kommt man auch durch die Welt. Ich ließ mein hölzernes Roß, das aber, seiner kreuzspinnenartigen Gestalt wegen, gerade der Antipode des dickleibigen Trojanisches Pferdes war, in eine Wagenremise unterbringen, und kehrte auf mein Zimmer zurück, um von der Anstrengung des ersten Versuchs auf meinem Sopha auszuruhen. Ein Freund besuchte mich nach Verlauf einer Stunde; ein enthusiastischer Bewunderer aller neuen Erfindungen [...]. Sehr natürlich kam bald [...] auch die Rede auf Draisinen. Ich erzählte ihm, daß ich eine zum Geschenk erhalten; er ruhte nicht eher, als bis ich ihm solche gezeigt und er sie auch probirt hatte.

Mit viel Beredsamkeit schilderte er mir den davon zu erwartenden Nutzen. ›Gib Acht‹, sagte er, ›ehe ein Paar Jahre verschwinden, sind die Draisinen in der ganzen kultivirten Welt im Gange. Ein unzuberechnender Vortheil! Eine große Menge Reit- und Wagenpferde werden weniger nöthig seyn, und wird dadurch das theure Futter ersparen, und dies die natürliche Folge haben, daß das Getreide für die Menschen nicht mehr so hoch im Preise stehen wird. Viel Aecker, wo man jetzt Hafer und Gerste baut, können mit Roggen und Weizen bestellt werden. Man hat schon jetzt die Draisine so verbessert, daß Mehrere damit fortgeschafft werden können. Kommt diese Verbesserung noch zu einer höhern Vollkommenheit, so werden sie an die Stelle der Postwagen treten, und man wird weit wohlfeiler reisen können, als jetzt. Jeder Tritt auf einer Draisine, wie man berechnet hat, bringt einen fünfzehn Schritt vorwärts; sie gehen also offenbar zwanzigmal schneller als unsere ordinaire Posten mit ihren abgetriebenen Pferden, denen jeder nur etwas gute Fußgänger zuvorläuft. Wahrlich, diese Erfindung scheint mir wichtiger und für die Menschheit heilbringender, als die des Pulvers und der Buchdruckerei, womit wir Deutsche so laut prahlen. Das erstere hat vielen Millionen das Leben gekostet und die letztere die Welt mit einer Unzahl von Büchern und Broschüren überschwemmt [...].‹ Ich ließ ihn schwatzen, denn ich fand keinen Beruf, ihn durch meine unmaßgeblichen Bedenken aus seiner süßen Illusion zu reißen. Man erwirbt sich dadurch nie – oder doch höchst selten – Dank. Er verließ mich, in dem stolzen Bewußtseyn, mich überzeugt zu haben, da ich ihm keine Einwendungen gemacht hatte.«[20]

Die Draisine von Karl Müchler ist eine Liebesgeschichte, in der der Protagonist zarte Bande mit der hübschen Geheimratstochter Emma anknüpft, die so viel liest und schreibt, dass ihr besorgter Vater sie eines Tages zur Förderung der Gesundheit vor die Tore Berlins aufs Land (nach Charlottenburg) schickt. Nach einer brieflich entstandenen Verstimmung beschließt der Held, die junge Frau durch einen persönlichen Besuch sich wieder gewogen zu machen. Und nun nimmt das Geschehen einen doch zu denken gebenden Verlauf:

»Du willst selbst gleich hin zu ihr, ehe noch die Botenfrau zurückgekehrt ist. Aber um diese Zeit ist es ungewiß, ob du einen Wagen am Brandenburger Thore findest, und zu Fuß kommst du viel zu spät. Glücklicher Umstand. Du hast ja die Draisine. Jeder Tritt bringt dich, nach deines Freundes Versicherung, fünfzehn Schritte von der Stelle. Die Liebe wird dich überdies beflügeln, und in einer Viertelstunde bist du am Ziel deiner Wünsche. Gedacht, gethan. Die Draisine wurde aus der Wagenremise hervorgezogen. Ich setzte mich vor der Hausthüre meiner Wohnung darauf, und die Reise begann.
Aber, o Schicksal! Auf dem Steinpflaster gab sie solche Stöße,

daß ich auf dem Beiwagen der ordinären Post zu fahren glaubte. Das Fuhrwerk war auf dem holperigen Pflaster keineswegs ein Velocifer, wie ich mir eingebildet hatte. Jeden Augenblick lief ich Gefahr, von einem Reiter oder einem vorbeirollenden Wagen umgeschmissen zu werden; dabei standen fast alle Vorübergehenden still und gafften mich neugierig an, wiesen auch wohl mit Fingern auf mich, und ein Rudel schreiender Straßenbuben und Mädchen begleitete mich von Straße zu Straße bis an das Thor. Tausendmal war ich im Begriff umzukehren, und ich würde diesen Vorsatz auch unfehlbar ausgeführt haben, hätte mich nicht die Liebe gespornt, meine Fahrt, es koste auch was es wolle, zu beenden. Ich war nun auf der Chaussee, an Athem und Kräften erschöpft; hier ging es zwar etwas besser als auf dem Straßenpflaster, aber da ich nun alle zehn Schritte halt machen mußte, um etwas auszuschnaufen, so war es mir unmöglich, nur mit dem langsamsten Spaziergänger gleichen Schritt zu halten. Zu meinem noch größeren Mißgeschick verlor ich unfern des Chausseehauses das Gleichgewicht, ich fiel mit meiner Draisine um, quetschte mir den Fuß, und sie war so zerbrochen, daß ich sie nicht weiter besteigen konnte. Hinkend und mit verbißnem Schmerz, die Draisine, die mich tragen sollte, nun langsam nachschleppend, traf ich endlich, als es schon ziemlich spät war, in Charlottenburg ein. Mein Fuhrwerk wurde in einem Wirthshause untergebracht, ich setzte meinen in Unordnung gerathenen Anzug etwas ins Geschick, nahm, was mir dringend nöthig schien, ein Bad bei dem Apotheker Friedrich, und machte mich nun auf den Weg zu meiner Verliebten.«[21]

Wie die Geschichte ausgeht, will ich nicht verheimlichen. Der Held trifft seine Geliebte im Beisein eines Arztes an. Sie leidet stärker als er dachte an einer Nervenschwäche und er beschließt (wenig ritterlich), dem Liebesverhältnis ein Ende zu setzen. »Ich empfahl mich nach Verlauf einer halben Stunde, die sich mir zu einer unendlichen Länge ausdehnte, ließ meine Draisine in Charlottenburg, und benutzte einen der gewöhnlichen Wagen, um nach Berlin zurückzukehren. Schwerlich würde ich nach solchem Abentheuer eine ruhige Nacht gehabt haben; aber Dank sei es der Draisine, ihre Handhabung hatte mich so angegriffen, daß ich bald in einen tiefen Schlaf verfiel, und so fest bis am folgenden Morgen schlief, als der kerngesundeste Tagelöhner.« Ach ja, am Ende der Geschichte lässt Karl Müchler seinen Helden noch mitteilen, dass er seine Draisine, selbst wenn sie wieder ausgebessert ist, nie »wieder besteigen werde«.[22]

Die Drais'schen Laufmaschinen wie auch die vielen Nachbauten – zwischen 1817 und 1820 wurden insgesamt maximal 10 000 Laufmaschinen aller Art gebaut und, wie häufig auch immer, gefahren – versprachen viel, hielten aber in der Praxis zu wenig. Sie erwiesen sich als zu unpraktisch für die alltägliche Nutzung als Verkehrsmittel und offerierten zu einer Zeit, als die Masse der Menschen in ihrer Lebensumgebung fast nur zu Fuß unterwegs war, zumeist nicht den versprochenen Geschwindigkeitsvorteil. Gewiss, die Überlieferung berichtet von einigen weiten Fahrten, die schneller erfolgten, als es einem gestandenen Fußgeher möglich gewesen wäre. Der Blick in die überlieferte Literatur verrät aber zugleich, dass das Fahren auf einer Reisemaschine über längere Strecken nicht nur ziemlich hohe Anforderungen an die Fitness stellte.

Zu den aufschlussreichen literarischen »Testberichten« einer Laufmaschine gehört die von Julius von Voß (1768–1832). Er war im zweiten Jahrzehnt des 19. Jahrhunderts als Verfasser (des wohl ersten) Science-Fiction-Werks: *Ini. Roman aus dem ein und zwanzigsten Jahrhundert* vielen ein Begriff. Zu den zeitgenössischen Lesern seines 1810 publizierten Zukunftsromans gehörte nicht zuletzt Karl Drais, dem bei der Lektüre wohl nicht entging, dass sich Voss sogar für das 21. Jahrhundert nur die tierische Kraft als Antriebsquelle vorstellen konnte. Da der in Berlin lebende Schriftsteller an Zukunftsfragen interessiert war, wird er das Velociped schon frühzeitig in Augenschein genommen und wohl ausprobiert haben. In seinem Ende 1818 erschienenem Werk *Neue launige und satyrische Dichtungen* findet sich jedenfalls eine längere Würdigung des ersten funktionalen Zweirads der Welt: *Die Reise auf der Draisine.* Die Erzählung erhellt wie die obige Geschichte von Karl Müchler kaum zufällig zweierlei: Zum einen die vor zweihundert Jahren aufgekommene gesellschaftliche Erwartungshaltung gegenüber dem neuartigen Fortbewegungsmittel, und zum anderen die individuell auftretenden Nebenwirkungen bei ambitionierten Fahrten. Voß schreibt:

»Im Jahre 1818 kam der erste Wagen dieser Art nach Berlin, und nach seinem Vorbild ließen manche rüstige, Neuheit liebende Jünglinge sich ähnliche fertigen. Welche allgemeine Bewunderung erregten, welchen Beifall ernteten sie, auf der ebenen Kunststraße von den Propyläen nach Charlottenburg eilend! Und welche holden Aussichten in die Zukunft taten daneben sich auf! Wer sagte nicht gern mit Jean Paul: Nur Reisen ist Leben; wer empfände keine heiße Neigung, mehr als die alltägliche, durch Gewohnheit so prosaische Heimat zu sehen! […] Doch war seither das anmuthige Reisen auch Vielen so kostspielig und zeitraubend; und jede Weise, in der es geschah, hatte Unannehmlichkeiten. Die lässigen Postmeister; die nach Trinkgeld so gierigen Postillione, für die, welche sich der sogenannten Extrapost bedienen; die verdrießlichen Schirrmeister; die unerträgliche Langsamkeit bei der gewöhnlichen ist bekannt. Andere Fuhrleute übertheuern, und schaffen auch nicht eilig von der Stelle. […] Und mit den Fußreisen ist es auch so eine Sache, wie freundlich sie schon an Pythagoras und Christi Apostel mahnen. Wer kein englischer Wettgänger ist, oder es dem einst berühmten deutschen Läufer Ernst nachthut, kömmt auch nicht schnell damit ins Weite. [...] Kurz, es giebt allenthalben Widrigkeiten.

Nun hingegen, sagten die klugen Männer in Berlin [...] steht es ganz anders. Eine Draisine kostet wenige Dukaten. Ein Regenmantel von Wachstaffent, ein leichtes Felleisen mit etlichen kattunenen Hemden, ein Korbfläschchen mit Rum, etwas Zwieback und kalten Braten, und man ist reisefertig. Zwölf, sechzehn, zwanzig Meilen geht es den Tag.«[23]

Held der *Reise auf der Draisine* ist ein junger reiselustiger Berliner Buchhalter, der nach einigem Hin und Her von seinem Chef einen zehntägigen Urlaub aushandelt, um mit seiner Laufmaschine nach Schlesien ins Gebirge zu eilen. Er würde pünktlich zurück sein, versprach er, denn selbst wenn er täglich nur 12 Meilen schaffen würde, wäre er in nur vier Tagen beim Rübezahl und gewiss in spätestens zehn Tagen wieder in Berlin zurück. Allerdings stellte der Draisinenreiter schon kurz nach der Abfahrt am frühen Morgen fest, dass die »ungleichen Pflastersteine in der Stadt« den raschen Gang mehr hemmten, als er gedacht hatte, »und beinahe floh ein halbes Stündchen hin, bis das Frankfurter Thor in seinem Rücken lag«. Da er noch am Abend Frankfurt a. d. O. erreichen wollte, beschleunigte er nach Kräften, dennoch »ging es auf der zweiten Meile weniger schnell, und abermal weniger auf der dritten«. Und warum? »Etwas that ihm wohl das Gepäck, mehr vielleicht die Stellen, wo der Kunststraße sich einige Vernachlässigung vorwerfen ließ; aber auch die höher steigende Sonne mußte in Anschlag kommen. Da mittelte sich jedoch wieder nicht recht aus: ob ihr glühender Strahl dem Reisenden so viele Schweißtropfen entlockt hatte, oder das unaufhörliche Arbeiten mit den Beinen.« Nach drei Stunden legte der Held von Julius von Voß die erste Ruhepause unter einem Baum ein. »Zugleich sprach er seinem Korbfläschchen und kalten Braten tüchtig zu; wie sollte auch eine so rüstige Bewegung den Appetit nicht rufen.« Und weil ihm die »Müdigkeit der Beine« zu schaffen machte – »sie waren ihm ziemlich steif« und die Fußsohlen taten ihm auch weh – »weilte und weilte er noch, auf die Zeit nicht eben achtend«. Und so kam, was kommen musste:

>»Wie er in Berlin zum Thore hinausgeeilt war, hatte er einen ehrlichen Bauersmann gesehen, welcher mit seinem Stabe auch denselben Weg einschlug, und das seltsame Fuhrwesen mit weit offenen Augen anstierte. Es flog aber ziemlich schnell davon. Nun, während sein Besitzer noch der Ruhe pflegte, kam der Bauersmann gemächlich daher, und hatte auch schon seine drei Meilen zurückgelegt. Der junge Mann erschrak und sah auf die Uhr; zwei Stunden waren im Grase ihm entflohen; er mußte doch einer langen Ruhe bedurft haben. Doch säumte er nun auch keinen Augenblick mehr, schwang sich auf den Sattel und eilte fürbaß.«[24]

Die von Julius Voß launig erzählte *Reise mit der Draisine* geht für den Buchhalter nicht gut aus. Zu den geschilderten unerwarteten Strapazen kommen im Laufe der Geschichte diverse Kalamitäten hinzu – »schweißtriefende Wäsche«, »immer größere Müdigkeit und Schmerzen an den Fußsohlen«, weicher Sand und Morast auf den Chausseen, in dem die »dünnen Räder« stecken bleiben, »von dem vielen Stampfen des Bodens schier entsohlte« Stiefel, »was die Füße ungemein brennend empfanden«, diverse Pannen usw. Die Berge kommt er nur hoch, indem er die Maschine schultert, und bei einer Abfahrt verliert er die Kontrolle, stürzt schwer und findet die Laufmaschine »in zwei Stücken zerbrochen«. Im Übrigen lässt sich der Buchhalter nur zu gern von Fuhrwerken mitnehmen und kehrt schließlich mit der Postkutsche und der Erkenntnis nach Berlin zurück, dass »doch etliche Thatsachen gegen die Draisine sprachen«.[25] Im zeitgenössischen *Literarischen Wochenblatt* fühlte sich ein Rezensent der Voß'schen Geschichte denn auch prompt zu dem draisinenkritischen Hinweis ermuntert: »Wer etwa denkt, damit die Schweiz zu bereisen, wird es nach den Beispielen dieser Erfahrung gewiß seyn lassen, indem er von allen Mängeln dieses Fahrzeuges hier nach und nach gründlich unterrichtet wird.«[26]

Wie sich um 1820 zeigte, war die Zeit für eine Zweiradkultur noch nicht reif. Die Mittel- und Unterschicht fiel als Kundschaft aus, weil die Maschinen mangels geeigneter Massenproduktionsmethoden zu teuer waren, und die zahlungskräftigen jüngeren Männer bewerteten das vergleichsweise unbequeme Fortbewegungsmittel schon bald als dem Pferd (und Wagen) nicht ebenbürtig. Im Übrigen ließen die zumeist unbefestigten Straßen und Wege kein flottes Vorankommen zu. Auf einem hölzernen oder metallenen Zweirad bei höfischen und anderen Festen vorzufahren – womöglich auch noch bei Wind und Wetter – nein, das wäre ihnen sowieso nicht in den Sinn gekommen. Die spöttischen Seitenhiebe der Presse und Karikaturisten setzten der Lust der wohlhabenden jungen Leute auf trendsetzende Ausfahrten zudem einen ziemlichen Dämpfer.

Inwieweit das Verbot des Befahrens von Gehwegen der Laufmaschine gleichsam den Boden für die ungebremste Fahrt in die Zukunft entzog, lässt sich auch aus der zeitgenössischen Literatur ablesen. Unter einem 1821 im *Polytechnischen Journal* veröffentlichten Artikel von Lewis Gompertz (ca. 1783–1861) aus der Grafschaft Surrey, der einen kraftraubenden Handhebel-Zahnradmechanismus entwickelt hatte, der das Vorderrad der Draisine mit einer Art Pumpenbewegung antrieb, kommentierte der Übersetzer die technischen Informationen recht kritisch. Vor allem rieb er sich an der Aussage des Briten, »vorzüglich aber liegt die Ursache des Verfalles der Draisinen in dem Verbothe, dieselben auf Fußwegen zu gebrauchen; ein Verboth, welches, wenn es hier und da nothwendig war, zugleich mit dem Befehle hätte verbunden werden müssen, daß sie drei oder vier Fuß von dem Fahrwege zu ihrem ausschließlichen Gebrauche angewiesen, und diese für sie stets in gutem Zustande zu erhalten, bekommen sollen. Sie verdienen dieß, und diejenigen, die sich derselben bedienen wollen, sollten nicht der Gefahr der Verletzung von Kutschen und Pferden ausgesezt oder verdammt seyn, bis an die Kniee in Koth zu waten.«[27]

Der Übersetzer quittierte die – aus heutiger Sicht bemerkenswert frühe und richtige – Forderung von gesonderten Zweiradwegen nun mit dem Hinweis, die »Freunde« der Maschine würden »die Nachtheile derselben viel zu wenig [...] kennen«, denn »alles, was Hr. Gomperz [...] gegen das nothwendige Verboth derselben auf den Trotoirs und die Müheseligkeiten auf dem Fahrwege sagt, wird auf unserer besten Welt sich schwerlich jemals ausgleichen lassen, und ist im Grunde, unbedeutend.« Und dann folgte der Klartext:

»Die ernsteren Nachtheile der Maschine sind vorzüglich: 1. Die Gefahr des Umschlagens, die, wie Uebersezer nur aus dem Kreise seiner Erfahrung weiß, manchen Arm, manches Bein, manche Rippe, und in Folge dieser Verletzungen auch ein paar Leben kosteten. Diesem Nachtheile könnte zum Theile dadurch abgeholfen werden, daß man die beiden Räder nicht unmittelbar hinter einander [...], sondern in zwei Geleisen so laufen ließe, daß das vordere Rad z. B. acht bis zehn Zoll links, das hintere eben so viel rechts von der Langwied entfernt liefe. Hierdurch würde die Gefahr des Umschlagens so wie die Müheseligkeit des Balancirens mit dem Körper bedeutend vermindert werden. Allerdings würde die Behendigkeit der Bewegung dadurch leiden [...]. Es ist um so mehr nöthig, bei der Draisine Brust und Arme zu schonen, als der 2te Nachtheil dieser Art von Fahrzeuge vorzüglich darin besteht, daß die Brust, oder eigentlich das, was in der Brust ist, die Lungen gar sehr in Gefahr sind, bei anhaltendem oder angestrengten Gebrauche derselben angegriffen zu werden, und zu leiden. Mehrere Bekannte des Uebersezers mußten daher, auf Geheiß ihres Arztes, den Gebrauch der Draisine aufgeben, der, so lang man mit der Brust sich in derselben anstemmen muß, und nicht die Füße als die vorzüglichen Treibwerke brauchen kann, jungen noch im Wachsen begriffenen Leuten so wie allen Erwachsenen und auf der Brust schwächlichen, unbedingt zu untersagen ist.«[28]

Die Unfälle und Ärzte, so scheint es, spielten beim historischen Abschieben der Draisine in die verkehrstechnische Bedeutungslosigkeit eine durchaus gewichtige Rolle. Und nun wird es höchste Zeit für den in vielen populären Darstellungen seit Längerem postulierten Erklärungsansatz, Karl Drais' Erfindung der Laufmaschine stehe in direktem Zusammenhang mit der in den Befreiungskriegen gegen Napoleon einsetzenden Ernährungs- und Pferdewirtschaftskrise sowie einer Klimakatastrophe. So heißt es beispielsweise auf der Website der Stadt Karlsruhe, die Drais ab 1845 bewohnte:

»Nachdem sich Drais am Anfang seiner Erfindertätigkeit vorwiegend mit mathematischen Problemen beschäftigt hatte, entwickelte er 1813 ein Gefährt, das großes Aufsehen erregte. Anlass war die erste von fünf schlechten Ernten im Jahre 1812 gewesen, die die Haferpreise ansteigen ließ. Drais baute eine vierrädrige ›Fahrmaschine ohne Pferde‹, die durch den ›insitzenden Menschen, vermöge des einfachen und desto dauerhaften Maschinenwerks‹ angetrieben wurde. [...] Nach seiner vierrädrigen Fahrmaschine stellte Drais 1817 ein neues Gefährt vor: das Zweirad. [...] Nach neuesten Forschungen war Drais wiederum durch eine von einer Naturkatastrophe ausgelöste Hungersnot, die 1816/17 ein Pferdesterben verursachte, zu dieser Erfindung angeregt worden.«[29]

Ausgelöst wurden die »Jahre ohne Sommer« damals vom Vulkanascheausstoß des Vulkans Tambora östlich von Bali, dessen Asche auch in die nördliche Hemisphäre gelangte. In der Tat fällt der Zeitpunkt der Erfindung der Laufmaschine in eine für die – generell mit hohen Kosten belasteten – Pferdehalter schwierige Periode. Da Karl Drais selbst mit keiner einzigen Zeile oder auch überlieferten mündlichen Verlautbarung erhellt hat, wie und wodurch er konkret auf das Zweiradprinzip kam, bietet sich ein weites Feld für Spekulationen über die wahrscheinliche Ursache für den erfinderischen Gedankenblitz. Der Fahrradhistoriker Hans-Erhard Lessing, der die Lebensgeschichte des Freiherrn engagiert und umfänglich erforscht hat, vermerkt zwar ausdrücklich, es gäbe keinen »direkten Hinweis auf das Pferdesterben als Auslöser seiner Wiederbeschäftigung mit dem Landverkehr«; er fügt jedoch den Hinweis an: »Zu offensichtlich war ihm das Problem wohl gewesen, als dass er darüber noch Worte verlieren wollte. Aber der Zusammenhang mit den Missernten lässt sich beweisen: Auf die erste von 1812 folgte mit Verzögerung [...] die vierrädrige Fahrmaschine I im Jahr darauf und auf den kompletten Ernteausfall 1816 im Jahr darauf das Zweirad. Diese zweifache, verzögerte Koinzidenz kann kein Zufall sein und ist ein Indiz für den Zusammenhang zwischen den Missernten und den Drais'schen Erfindungen zum Landverkehr. Von dem Ökonomen Joseph Schumpeter stammt die These, dass ein Bedarf Innovationen zeitige, also Erfindungen, die sich auch verkaufen lassen. Das scheint hier zu passen: Bedarf nach pferdelosem Landverkehr erschafft die Laufmaschine – aber verkaufen lässt sie sich nicht gut, wenn jeder nur Raubkopien baut.«[30]

Schumpeter in allen Ehren; den »Bedarf nach pferdelosem Landverkehr« befriedigten zweifellos auch die »Raubkopien«, die schließlich das Angebot erhöhten. Aber zum einen hätte die Laufmaschine die damals noch alternativlose tierische Antriebskraft im Landverkehr in keiner Weise ersetzen können, weil sie keine Zugkraft aufwies. Um 1820 arbeiteten immerhin noch rund 75 % der deutschen Bevölkerung auf dem Lande, und für ihre tagtägliche Feld- und andere Arbeit benötigten die Menschen Zugtiere – mit einer Draisine ließen sich weder ein Pflug noch ein Bauernwagen ziehen. Einmal schnell mit der Laufmaschine zum Acker und zurück zu eilen, wäre wohl kaum jemand eingefallen – und nicht nur wegen der bei schlechter Witterung dafür kaum geeigneten Feldwege. In den wachsenden Städten, wo notwendigerweise immer mehr Güter mit Fuhrwerken transportiert wurden und die »Herrschaften«, wenn irgend möglich, die Kutsche nahmen, um vor Wind und Wetter geschützt und bequem von Tür zu Tür zu kommen, war das Veloziped auch nicht entfernt ein Ersatz, sondern bestenfalls eine Ergänzung der individuellen Mobilitätspraxen bei sich bietender Gelegenheit.

Zum anderen hätten die zunehmend reisefreudigeren Angehörigen des sich formierenden Bürgertums längere Fahrten zweifellos nicht mit einer Laufmaschine absolviert. Einmal abgesehen davon, dass die Draisine gewiss keine Rolle als standesgemäßes Verkehrsmittel hätte spielen können, fuhr, wer es sich irgendwie leisten konnte, schon deshalb mit einer Miet- oder auch eigenen Kutsche auf Geschäfts-, Bade- oder andere Reisen, weil die Begleitung oder Familienangehörige ebenso mittransportiert werden mussten wie das zumeist umfangreiche Gepäck. Generell gab es vor und nach 1817, und das bis Mitte des 19. Jahrhunderts, für Reisende über Land als öffentliches Massenverkehrsmittel nur die nach Fahrplan verkehrenden, von Pferden gezogenen Schnellpost- und Eilwagen. Selbst wenn sich die Draisine ab 1817 – wohlgemerkt als Individualverkehrsmittel – massenhaft durchgesetzt hätte, wären im Zeitalter der Industrialisierung und der mit ihr beginnenden starken Urbanisierung die Massenverkehrsmittel Kutsche sowie ab den 1840er Jahren zunehmend die Eisenbahn (später ergänzt um Straßen- und U-Bahnen für die wachsende Schar der Pendler) zweifellos nicht überflüssig geworden.[31] Darüber hinaus hätten die stolzen Zweiradfahrer im von langen Arbeitszeiten geprägten Alltag überwiegend wohl kaum längere Fahrten unternommen (das tun die meisten auch heute nicht). Die Eisenbahner »profitierten« im Übrigen erst vom Zweirad, als Ende des 19. Jahrhunderts die ersten Fahrradfabriken entstanden, denn deren Betreiber benötigten sie für den Antransport von Fertigungsmaterialen und den Abtransport der fertiggestellten Räder.

Kurz, die Draisine erweiterte bestenfalls die evolutionär ge-

gebene individuelle Körperkraft-Mobilität, und weil sie das nur über einen historisch äußerst kurzen Zeitraum von gut drei Jahren tat, liegt die Vermutung nahe, dass sie von genau den zeitgenössischen Individuen, die ihren Nutzen in jeder Hinsicht beurteilen konnten, als nicht zielführend befunden wurde: den gewohnheitsmäßigen Fußgehern. Nicht zu vergessen die ohnehin mit Reitpferden und Kutschen ausgestattete gesellschaftliche Elite. Wäre die Laufmaschine ihr aus verschiedenen Gründen nicht bald als »zweckloses Spielzeug« erschienen, hätte sie sicherlich länger und historisch auffällig ihre Dienste geleistet. Der junge deutsche Journalist und Autor Karl Gutzkow gab 1837 jedenfalls anlässlich eines durchaus üblen Seitenhiebs auf Drais die zu jener Zeit wohl üblich gewordene Auffassung wieder: »Die ganze Maschine ist auf Lächerlichkeit angelegt, denn nur Kinder können sich derselben, der komischen Gestikulationen wegen, die man dabei machen muß, bedienen. Es sieht fast so aus, wenn man auf der Maschine sitzt, als wollte man auf dem Straßenpflaster Schlittschuh laufen.«[32]

In den Werken zur Fahrradhistorie kommen nun zwar in aller Regel neben dem Veloziped alle möglichen technischen Verkehrsmittel in den Blick – nicht zuletzt die Eisenbahn und das Automobil. Das wichtigste und natürlichste menschliche Verkehrsmittel aber, unsere Füße, gerät im dominierenden »Wimmelbild« diverser technischer Errungenschaften hingegen schlicht aus dem Blick. Und nicht nur das. Die Fixierung auf die technisch gestützte Fortbewegung schlägt wahre Volten, wenn postuliert wird, die Erfindung des Zweiradprinzips sei »der Urknall der individuellen Mobilität, denn erstmals setzten sich tausendfach Leute auf Maschinen statt auf Pferde und fuhren individuell in die Umwelt hinaus«.[33] Einmal abgesehen davon, dass die maximal zehntausend Draisinenreiter in ganz Europa eine exklusive Minderheit waren, und das auch nur während eines winzig kleinen Zeitabschnitts in der Geschichte, bieten die ersten Zweiradfahrten zwar einen trefflichen Anlass für Jubiläumsfeierlichkeiten. Sie aber als »Urknall der individuellen Mobilität« hochzustilisieren, geht – bei aller Liebe zum Velo – entschieden zu weit und fehl.[34] Wenn es so etwas wie einen »Urknall« gegeben hat, dann erfolgte der vor 1,9 bis 1,5 Millionen Jahren, als Angehörige unserer Gattung *Homo*, präziser: Clan-Mitglieder der Arten *Homo ergaster* und *Homo erectus*, sich entschlossen, ihre angestammten Lebensräume in Ostafrika zu verlassen und gehend und laufend andere Gegenden zu erkunden. Angehörige unserer einzig überlebenden Art *Homo sapiens* waren schon vor zehntausend Jahren ganz individuell mobil in die vielfältige Umwelt der ganzen Welt vorgedrungen, hatten bis auf die Antarktis und einige abgelegene Inseln bereits alle Landmassen der Erde durchwandert und erste Siedlungen angelegt. Und zwar schlicht zu Fuß, Reittiere nutzten sie noch nicht.[35]

Nichts geht über das Gehen. Denn was macht uns zu Menschen? Die Fähigkeit zur obligatorischen *Bipedie*, sprich zur gewohnheitsmäßigen zweifüßigen Fortbewegung in aufrechter Haltung. Die Vorteile des Gehens sind immens. Mitmenschen und Umwelt werden entlastet, denn wir produzieren dabei keinen Lärm und keine Abgase und brauchen auch keine Autobahnen, Garagen usw. Für die Prävention vieler Zivilisationskrankheiten wie Herz-Kreislauf-Erkrankungen, Rückenschmerzen usw. ist das Zufußgehen ohnehin erste Wahl, zumal unser Muskel-Skelett-System grundsätzlich auf Bewegung ausgelegt und angewiesen ist. (Das Laufen bzw. Joggen belastet Sehnen und Gelenke wesentlich stärker als das Gehen.)

Als Karl Drais 1817 das erste fahrtüchtige Zweirad auf die Straße brachte, war die Zeit für die Zweiradmobilität mittels Körperkraft aus den erwähnten Gründen noch nicht reif. Sie war es schon deshalb nicht, weil die ungebundene individuelle Mobilität mehr oder weniger auf genau die gesellschaftlichen Kräfte beschränkt war, die auf größere Macht und Geldgewinn sowie auf Wettbewerb und höhere Leistungen setzten: der Adel und die Eliten. Sie hatten zwar an schnelleren Landverkehrsfahrzeugen ein großes Interesse, aber gewiss nicht an einem schweißtreibenden, keine Bequemlichkeit offerierenden und nicht umstandslos handhabbaren Vehikel, das in England schon durch die Bezeichnung »Hobby Horse« in den Ruch eines Spielzeugs gekommen war.

In den frühen 1830er Jahren kursierte die Anekdote: »Als im Jahre 1817 die Draisinen erfunden wurden, fragte Jemand: Was ist denn eigentlich mit den Draisinen gewonnen worden? Ein Artikel für's Conversationslexicon, war die Antwort.«[36]

Ob Karl Drais sie zu Gehör bekam – wer weiß. Der Erfinder der Zweiradmobilität, das sei hier nachgetragen, hatte nach den geplatzten Manufaktur-Plänen und dem Versiegen des Laufmaschinen-Trends kein leichtes Leben.[37] Nachdem 1820 das Oberhofgericht Mannheim unter Vorsitz seines Vaters den Burschenschafter und Kotzebue-Mörder Karl Ludwig Sand zum Tode verurteilt hatte, sah er sich wüsten Anfeindungen der Anhänger von Sand ausgesetzt. Auf den Rat seines Vaters hin verließ der inzwischen zum Kammerherrn ernannte Tüftler Ende 1821 die Heimat und nahm eine Tätigkeit als Geometer im fernen Brasilien auf. 1827 kehrte er zu seinem Vater nach Mannheim zurück. Nach dessen Tod im Jahre 1830 nutzte Karl Drais das Erbe, um seine Projektideen voranzubringen. So reiste er 1832 nach London, wo er das Parlament für seine Schnellschreibmaschine zu interessieren hoffte. Nach der »leider missglückten Reise« häuften sich Zwischenfälle, die den Eigenbrötler zunehmend belasteten. Nach einem gewonnenen Prozess gegen das Finanzministerium, das seine Pension widerrechtlich kürzen wollte, verlor Drais durch Verleumdungen nebst einer Kneipenschlägerei seinen Kammerherrenstatus am Hofe des Großherzogs. Immerhin stellte er 1834 während des Mannheimer Maimarktes 1834 ein neues Gefährt vor – allerdings keine verbesserte Laufmaschine, sondern einen Einspänner mit hinten angespanntem Pferd. Er wollte mit dieser Idee das Einstauben der Passagiere unterbinden – sie fand in der Praxis keine Gnade.

Mit dem Erfinder selbst wurde in der reaktionären Bieder-
meierzeit immer gnadenloser verfahren – 1837 entging der sich
zu demokratischen Zielen bekennende Mann nur knapp einem
Mordanschlag und zog vorsichtshalber nach Waldkatzenbach im
Odenwald. Obwohl schon so gut wie vergessen, feierte die
Laufmaschine noch zu Lebzeiten Drais' eine – wenn auch papierene – Wiederauferstehung. Jedenfalls in der vom Karlsruher
Akademiker Dr. Griesselich 1843 veröffentlichten Betrachtung
zur *Naturgeschichte* und die *Bewegung des menschlichen Körpers.* Da heißt es:

»Ich spreche zu Ihnen zuletzt noch von zwei Arten, sich zu
bewegen, welche den Uebergang zu den sogenannten passiven
Bewegungen bilden; ich meine das Schlittschuhlaufen und das
Laufen mit der Draisine. [...] Von der Draisine haben wohl gar
manche Leser noch gar nichts gehört. Es ist eine Maschine etwa
wie eine Deichsel, hat hinten und vorn in Rad, in der Mitte sitzt
rittlings, den Lenkapparat in der Hand, der fahrende Fußgänger,
– eine Erfindung des Freiherrn von Drais in Mannheim. Die Maschine ist eine gar sinnreiche Erfindung, wie Jedermann sein eigenes leuchtendes Zugpferd sein und sich nebenbei einbilden
kann, er sitze auf einem Bauernwagen. Hie und da in der Rhein-
gegend sieht man ein solches Ding.«[38]

1845 verlegte der Freiherr seinen Wohnsitz nach Karlsruhe,
wo er ab 1842 eine vierrädrige Schienendraisine mit Fußantrieb
bzw. Tretmühle erprobte. (Die erste zweirädrige Eisenbahn-
draisine hatte sich 1837 der Wiener Aloys Bernard patentieren
lassen). Im Lauf der Badischen Revolution sorgte der bekennende Demokrat noch einmal für Aufsehen. Mittels einer Zeitungs-
annonce in der *Karlsruher Zeitung* teilte er am 12. Mai 1849 mit:
»Ich Freiherr Karl Ludwig Christian Drais von Sauerbronn erklä-
re hiermit feierlichst und angesichts der deutschen souveränen
Nation, daß ich auf den Altar des Vaterlandes, der Freiheit,
Gleichheit und Volkssouveränität alle und jede aus dem Feudal-
rechte, dessen tausendjähriger Druck Deutschlands Freiheit in

Fesseln schlug, entspringende Vorrechte für mich und meine ehelichen und außerehelichen Nachkommen verzichte [...], Drais, Professor, Bürger und Mitglied des souveränen deutschen Volkes.«[39]

Nachdem die Preußen Karlsruhe besetzt hatten, musste der »Bürger« seinen Titel gegen seine Überzeugung wieder annehmen. Zugleich wurde ein Entmündigungsverfahren gegen ihn in Gang gesetzt und seine Pension komplett beschlagnahmt. Am 10. Dezember 1851 starb der inzwischen mittellose Erfinder des Zweiradprinzips im Alter von 66 Jahren. Seine Laufmaschine – die zu seinen Lebzeiten bereits spöttisch als Spielzeug für Kinder bezeichnet wurde und in der Form einer Kinderlaufmaschine auch nach 1820 noch Verwendung fand (etwa um 1833 am Hof vom badischen Großherzog Leopold) – ist wieder auferstanden.[40] Um 1995 brachte die Drais'sche Laufmaschine aus leichtem Holz den Aachener Tüftler Rolf Mertens auf die Idee, ein kleines, federleichtes hölzernes Laufrad für zwei- bis fünfjährige Kinder zu konstruieren. Während Mertens' »LikeaBike« und die Industriekopien anderer Hersteller inzwischen seit gut zwanzig Jahren und wohl weiterhin den Kindern Spaß bereiten, sie spielend das Balancieren lernen und durch kräftiges Abstoßen mit den Füßen ziemliches Tempo machen lassen, war der Laufmaschine des Freiherrn für Erwachsene kein so großartiger Erfolg beschieden. Wäre sie von vornherein als kindgerechte Maschine vermarktet worden – wer weiß, vielleicht wäre dann das Leben des Freiherrn wider Willen viel weniger glücklos verlaufen.[41]

Das exklusive Vergnügen von Pedalrittern

Ein normales Fahrrad unserer Tage hat einen Tretkurbelantrieb. Die ab 1817 in den Verkehr kommenden Zweiräder hatten keinen. Es dauerte nach dem gegenwärtigen Stand der Forschung immerhin bis zur Mitte des Jahrhunderts, bis Maschinen aufkamen, die die Kraft der Beine noch effektiver für die Fortbewegung eines einspurigen Vehikels einzusetzen vermochten.[1]

Zu den freudigen Nutzern der Drais'schen Laufmaschine gehörte in den frühen 1820er Jahren mit Philipp Moriz Fischer (1812–1890) ein Mann aus deutschen Landen, der in der Fahrradgeschichtsschreibung nicht nur wegen seiner biologischen Funktion als Vater von Friedrich Fischer, der 1883 die erste Kugelschleifmaschine entwickelte und die Firma FAG Kugelfischer gründete, eine gewisse Rolle spielt. Fischer wuchs in Oberndorf (Schweinfurt) auf und fuhr bereits als Neunjähriger mit der Laufmaschine zur Lateinschule. Nach einer Schreiner- und Orgelbauerlehre arbeitete er in Wien, London und anderswo, bevor er 1843 mit seiner Frau Wilhelmine nach Schweinfurt zurückkehrte und eine Werkstatt für Orgel- und Klavierreparaturen eröffnete. Für die Erledigung von Aufträgen in den Kirchen der Umgebung nutzte Fischer der Überlieferung nach erneut eine erhalten gebliebene Drais'sche Laufmaschine, um Zeit zu sparen.

Vor allem aber tüftelte der handwerklich versierte Draisinenliebhaber an Verbesserungen der recht schwergängigen Maschine. Gut möglich, dass er bereits in den 1850er Jahren das Vorderrad einer Laufmaschine mit Pedalen versah. Warum und wie er auf die Idee kam, ist nicht überliefert. Laut dem Oberndorfer Lokalforscher Hermann Popp könnte Fischer bei Orgelreparaturen inspiriert worden sein, wird doch beim Orgelspiel mit den Füßen ein Blasebalg betätigt. Er ist sich anhand von ihm ausgewerteter Unterlagen sicher, dass der handwerklich fähige Fischer als Erster das Vorderrad einer Laufmaschine mit einer Tretkurbel und drehbaren Pedalen in Schwung gebracht hat.[2] In der international anerkannten Fahrradhistorie gelten freilich zwei andere Herren als Erfinder des Tretkurbelantriebs – die französischen Kutschen- und Karosseriebauer Pierre Michaux und Pierre Lallement. Sie tüftelten ab 1860/61 an dieser Herausforderung (Lallement, der 1863 in die USA auswanderte, erhielt dort 1866 ein Patent für ein pedalgetriebenes Zweirad).

Nun ist es im Prinzip völlig unerheblich, wann und wo genau ein Mensch oder eine Gruppe in einem Jahrzehnt eines beliebigen Jahrhunderts auf die Idee kommt, genau das auszutesten, was im Zweifel niemand zuvor versucht hatte. Eine Erfindung bezeichnet eine neue Kombination bekannter Ideen, Verfahren, Fertigkeiten, Stoffe, Formen usw. Sie ist freilich weit weniger als individuelle Leistung anzusehen, als es scheint, wird sie doch durch zahlreiche zuvor erfolgte Entdeckungen und »Geistesblitze« gespeist. Im Übrigen erfolgt sie zwangsläufig im Rahmen des jeweils gesellschaftlich gegebenen Wissensstandes bzw. der bereits praktizierten wissenschaftlichen, technischen, ökonomischen und kulturellen Gepflogenheiten. Anders formuliert: Die technischen Errungenschaften werden zwar in aller Regel auf die »Initiative« und das »Genie« der jeweils namensgebenden Patentbezieher oder Erfinder zurückgeführt; und eine gewisse individuelle Kreativität ist gewiss unabdingbar. Dennoch kommen selbst vermeintlich bahnbrechende Erfindungen nur dann zum Zuge, wenn die davon betroffenen Gesellschaften sie mentalitäts- und bedürfnisspezifisch akzeptieren und auch durch Kapitaleinsatz, notwendige Vorleistungen wie etwa Straßenbau, Gesetzgebungsakte usw. befördern und durchsetzen.

Die Verwendung des Tretkurbelantriebs markiert in der Geschichte des mit Körperkraft betriebenen Zweirads einen wichtigen Wendepunkt. Das Treten von Pedalen stellt den Mensch schließlich vor eine weit größere Herausforderung als das Antreiben einer Laufmaschine durch das Abstoßen der Füße. Beim

Pedalieren haben die Füße keinen Bodenkontakt mehr, wird das Halten der Balance bzw. des dynamischen Gleichgewichts zu einer komplexen lern- und übungspflichtigen Angelegenheit. In heute angebotenen Kursen für Erwachsene, die in der Kindheit das Radeln nicht mit Elternhilfe trainieren konnten, werden durch Radfahrlehrer zunächst Balanceübungen mit dem Roller, dann auf speziellen Laufrädern und endlich auch auf dem »richtigen« Fahrrad verordnet, damit die Probanden das Fahren in kleinen Schritten angstfrei einüben können. Die größte Hürde für ältere Semester besteht übrigens darin, den zweiten Fuß um- und unfallfrei auf das Pedal zu bekommen.[3]

Das Gehen und Laufen ist dem Menschen von Natur aus gegeben – die Technik etwa des Schwimmens und zumal des Radfahrens aber musste von klugen Köpfen im Modus von Versuch und Irrtum hervorgebracht und dann nachahmbar praktiziert werden. Bleibt die Frage, ab wann die Technik des Fahrens eines Zweirads mit Pedalen nachhaltig gesellschaftliche Aufmerksamkeit erregte.

Philipp Moriz Fischer, den die Stadt Schweinfurt im Herbst 2012 anlässlich seines 200. Geburtstages als »Fahrradpionier« würdigte – auf seinem Grabstein wird er als »Erfinder des Tretkurbel-Fahrrades« bezeichnet –, kann einer der ersten oder der erste Tüftler gewesen sein, der das Fahren ohne sichernden Bodenkontakt der Füße ausprobierte. Oder eben auch nicht. Namhafte Fahrradhistoriker gehen davon aus, dass Fischer die Tretkurbeln erst im Jahr 1869 – also nach den beiden Franzosen Michaux und Lallement – an die Drais'sche Laufmaschine geschraubt hat. Sie argumentieren, der Schweinfurter Gemeinderat hätte Ende des 19. Jahrhunderts die Erfindung aus patriotischen Gründen auf das Jahr 1853 vordatiert. Zweifelsfrei belegen lässt sich keine dieser Versionen. Fest steht so viel: Die ansehnliche Tretkurbeldraisine von Fischer ist ein Einzelstück – eine Vermarktung war von dem Instrumentenfachmann nicht geplant. Sie kann im Schweinfurter Museum Altes Gymnasium

Erste deutsche, **verbesserte Draisinen-** oder **Velocipeden-Fabrik** von 𝔐üller & 𝔚inder in **Stuttgart,** Guttenbergstr. No. 42. Prospekte und Preis-Courants stehen zu Diensten. 333 **Wiederverkäufer unterhandeln direkt.**

Erste deutsche Velozipeden-Fabrik in Stuttgart, September 1868

besichtigt werden und lohnt die Inaugenscheinnahme. Die Maschine hat einen Rahmen und Räder aus Holz, einen Ledersattel mit einem Fach für Utensilien, ein gerades Lenkrad mit Laterne (für Kerzen) und Glocke. Auffällig ist das größere Vorderrad, das eine höhere Geschwindigkeit ermöglicht. Die beiden Pedale haben Gewichte an den Unterseiten, um die Trittfläche immer obenzuhalten, und eine Bremse hat das Vehikel auch.

Während Philipp Moriz Fischer sein Tretkurbelrad gleichsam für sich behielt, entwickelte sein Sohn Friedrich (1849–1899) eine große Zweiradleidenschaft. Er richtete nach der Schlosserlehre eine mechanische Werkstatt ein und baute und verkaufte in den 1870er Jahren Zweiräder, die er vor allem durch den Einbau von Kugellagern zu verbessern suchte. Weil ihm englische Produkte qualitativ nicht zusagten, entwickelte er 1883 eine Kugelschleifmaschine und nahm selbst die Produktion der Kugeln auf. Es dauerte nicht lange, da erfreuten sie sich des europaweiten Rufs als Qualitätsprodukt – als um 1890 die Fahrradindustrie mächtig wuchs und gedieh, zählte die von Fischer gegründete Aktiengesellschaft FAG zu den großen Profiteuren dieser Entwicklung.

Die Tretkurbelantriebe eines Philipp Moriz Fischer und einiger anderer Tüftler mehr blieben Episoden der Fahrradgeschichte, weil sie keine Vermarktung erfuhren. Der französische Wagner Pierre Michaux (1813–1883) zielte hingegen mit der von ihm um 1861 konstruierten »Michauline« auf kauflustige Interessenten. Seine Umsatzstatistik der neuartigen Zweiräder konnte sich in der Tat sehen lassen. »1861 baute Michaux zwei Ausfallmuster, in den folgenden Jahren verließen 142 ›Michaulinen‹ seine Werkstatt, 1865 waren es bereits 400, mehr als eines pro Tag. [...] 1867 warb er auf der Weltausstellung in Paris so zugkräftig für seine Maschinen, dass weit mehr Bestellungen eingingen, als die inzwischen großzügig ausgebauten Werkstätten bewältigen konnten.«[4]

Die als Vélocipède in die Fahrradgeschichte eingegangenen Tretkurbelräder, die zunächst von der von Michaux betriebenen Compagnie Parisienne und dann von immer mehr Konkurrenten offeriert wurden, bestanden anfangs fast völlig aus Holz, ab Mitte der 1860er Jahre zunehmend aus elegant geschwungenen schmiedeeisernen Rahmen. Die Vorderräder wurden in verschiedenen Größen angeboten, und die Pedale lagen ab 1868 – wie auch bei Fischer – immer waagerecht, weil sie Gewichte an der Unterseite erhielten. Die Räder liefen in zweiteiligen Bronze-Gleitlagern; die Klotzbremse am Hinterrad konnte durch das Drehen des Lenkers, der den Seilzug aufwickelte, betätigt werden. In Deutschland gehörte Carl Benz (1844–1929) zu den frühen »Kunstreitern« des Velozipeds. Er erwarb das »nach dem

Das Hochrad »Michauline«, um 1876

Muster des Urvelozipeds, der alten Draischen Laufmaschine, aber mit den von dem Schweinfurter Philipp Fischer erfundenen Tretkurbeln am Vorderrad« (!) ausgerüstete Vehikel im Jahre 1867:

»Da kam eines Tages mein Freund, Buchdruckereibesitzer Walter, zu mir. Er war von einer Reise aus Stuttgart zurückgekommen. Dort hatte er den eleganten Renner gesehen und ruhte nicht – da er selbst schlecht zu Fuß war –, bis er ihm gehörte. Es war aber leichter, die Maschine zu kaufen, als auf dem schweren Ding zu fahren. Bei fast all seinen Versuchen artete das Fahren in ein Fliegen aus. Daher hatte er den eigenartigen Sport bald satt und sah sich nach einem Käufer um. [...] Ich musterte das kuriose Ding und war sofort Feuer und Flamme. [...] Die zwei Räder waren aus Holz und wurden durch eiserne Reifen zusammen gehalten. In ganz primitiver Weise saß der Sitz zwischen Hinter- und Vorderrad auf einer langgestreckten Feder. Etwas größer als das Hinterrad war das Vorderrad, das etwa 80 cm im Durchmesser hatte. Angetrieben wurde das Vorderrad durch Tretkurbeln, die direkt mit ihm in Verbindung standen. Schon nach vierzehn Tagen angestrengtester Versuche konnte ich das Rad meistern, was mein Freund nie gelernt hatte. Es war allerdings keine kleine Arbeit, auf Mannheims holperigen Pflaster das Gleichgewicht zu halten. Aber der hüpfende Gaul mußte gehorchen, ja, ich mutete ihm sogar wiederholt die vermessene Aufgabe zu, große Touren über Land zu machen (z. B. Mannheim – Pforzheim).

Wenn ich einkehrte und mein *zentnerschweres* Rad an irgendeine Wirtshausecke lehnte [...], so sammelte sich gern viel neugieriges Volk, kleines und großes, um die plumpe Maschine. Und keiner wußte, ob er mehr das schwere Fahrzeug mit seinen eisenbereiften Holzrädern und seinem schlecht federnden Sattel bespötteln oder das geschickte Balancieren des ›Kunstreiters‹ auf nur zwei Rädern‹ bewundern sollte. Das alles kümmerte indes den ›Kunstreiter‹ gar wenig. Stolz pedalierte er auf und davon. Und aus seinen Augen leuchtete etwas von dem, das in ihm lohte und brannte – von der Begeisterung für das Problem des *selbst* laufenden Fahrzeugs. [...] Eines schönen Tages mußte das schwere Holzungetüm trotz aller Begeisterung in die Rumpelkammer. Seine Eisenreifen fraß der Rost und auch die Holzräder fielen dem Zahn der Zeit zum Opfer. Was aber nicht in die Rumpelkammer wanderte, war die Idee, pferdelos zu fahren.«[5]

Carl Benz verlor nicht zufällig das Interesse an der »plumpen Maschine«, die im englischsprachigen Raum bezeichnenderweise als »Boneshaker« und im deutschsprachigen als »Knochenschüttler« in die Annalen eingegangen ist. Denn für ihn musste »unter allen Umständen die Menschenkraft ersetzt werden durch Maschinenkraft«. Folgerichtig entwickelte er – wie zahlreiche andere Maschinenexperten auch – Motoren und Automobile.

Dies alles spielte sich vor dem Hintergrund der im 19. Jahrhundert zunehmend vorangetriebenen Verwissenschaftlichung und der Einrichtung von immer mehr Hochschulen ab. Die aufkommende Maschinenbaulehre zeigte sich an durch Körperkraft bewegten Fahrzeugen schlicht nicht interessiert. Ab den 1860er Jahren standen vor allem Versuche im Vordergrund, die Antriebskraft der Dampfmaschine zu erhöhen (und besser auf die Straße zu bringen) sowie die Entwicklung von Gas- und Elektromotoren, die einen höheren Wirkungsgrad versprachen.[6] Nach der Pariser Weltausstellung, auf der sich 1867 deutlich mehr als zehn Millionen Besucher tummelten, »erfuhr« das Veloziped zumindest eine gewisse öffentliche Aufmerksamkeit – vor allem in den geld- und freizeitgesegneten Kreisen in Frankreich, aber auch in England, Deutschland, Italien und den USA. Diverse Hersteller und Händler richteten Fahrschulen ein und ab 1868 gründeten begeisterte Velozipedfahrer die ersten Fahrradclubs. Laut dem »Erfahrungs«-Bericht des Briten T. Maxwell Witham, der sich 1866 in London beim Besuch eines Übungskurses in einer Turnhalle mit einem »velocipede« vertraut machte, ging es dabei ziemlich drunter und drüber. Er übte mit einigen Männern zusammen, die zum Teil noch nicht einmal das Aufsteigen beherrschten, die sich nicht auf dem Sattel halten konnten und Mühe hatten, die Pedalen unter die Sohlen zu bekommen. Es kam bei den Übungen sowohl zu Massenkarambolagen wie auch zu ungebremsten Fahrten stumpf gegen eine Wand. Witham selbst nahm an den Übungen täglich teil und konnte nach einer Woche – wenn auch über und über »grün und blau« und »mit schmerzenden Gelenken« – sich nach Kräften balancierend einigermaßen auf dem Sattel halten und durch die Halle kurven. Von da an war sein Ehrgeiz geweckt. Umgehend schrieb er seinem in Paris lebenden Vetter, er möge ihm doch »eine Michaux-Maschine« nach London schicken. Das schöne Modell entpuppte sich nach dem Eintreffen als nicht schwer, »wog nur gut 140 Pfund« (64 kg), und Witham unternahm unter den erstaunten Blicken einer Heerschar von kleinen Jungen sogleich eine Testfahrt. Anders als in der mit einem ebenen Holzboden ausgestatteten Turnhalle verlief seine Jungfernfahrt auf der Edgware Road alles andere als glatt. Die »schlecht konstruierte Schotterpiste« sorgte gleichsam im Verein mit den Eisenrädern für so »schauderhafte Stöße«, dass sich seine Arme schon nach kurzer Zeit wie gelähmt anfühlten und er eine Pause einlegen musste.

Witham ließ sich nicht entmutigen. Wochenlang trainierte er täglich und verbesserte seine Fertigkeiten insbesondere beim Umgang mit den Lenkergriffen. Dennoch erschöpfte ihn bei seinen täglichen Ausfahrten »das Geschüttel und Geholpere« ziemlich. Immerhin traf er auf andere Liebhaber des neuartigen Velozipeds, unter ihnen auch Mitglieder eines Schlittschuh-Clubs. Mit ihnen gründete Witham bald darauf den Amateur Bicycle Club (A. B. C.) – »einer der ersten, wenn nicht in der Tat der erste« Radverein Englands, schreibt er. Die Mitglieder trafen sich fortan zu »achtzehn oder fünfundzwanzig Meilen« langen Ausfahrten, nach denen sie völlig erschöpft wieder nach Hause kamen. Denn die eisenbereiften »bone-shaker«, so resümiert Maxwell Witham, ließen sich »alles andere als freudvoll fahren«. Das »bicycling« wäre seines Erachtens jedenfalls »sicherlich wieder aus der Mode gekommen, wenn es eines Tages keine stoßlindernde Gummibereifung gegeben hätte«.[7]

Spätestens ab 1868 fanden in Frankreich, wo bereits einige Tausend Velozipede in Gebrauch waren, die Herren wie auch einige Damen zunehmend Gefallen an Wettkämpfen. So fand in jenem Jahr am 31. Mai in Paris ein Radrennen statt, das wohl nicht das erste, aber immerhin ein gut dokumentiertes ist. Ort des Geschehens war der Park von Saint-Cloud, wo sich das wohlsituierte Bürgertum in der Regel an Pferderennen ergötzte, an diesem Tag aber gespannt auf den Beginn von zwei Wettfahrten auf *vélocipèdes* wartete. Zwar waren die recht plump konstruierten neuartigen Zweiräder alles andere als Rennmaschinen; die beiden Sieger der Rennen, ein Fahrer namens Polocini und der Brite James Moore, bewältigten die 1200 Meter lange Strecke dennoch in nur etwas mehr als zweieinhalb Minuten. Beide erhielten dafür eine goldene Medaille, die der damals größte Veloziped-Hersteller, die Compagnie Parisienne, nicht ganz uneigennützig ausgelobt hatte.[8]

Das Ereignis wurde von der Presse dankbar aufgegriffen und stiftete in vielen Ländern Europas Organisatoren dazu an, immer aufsehenerregendere Rennen zu veranstalten. Und die Hersteller der Velozipede nutzten die Gunst der historischen Stunde. Sie sorgten im wohlverstandenen Vermarktungsinteresse dafür, als Sponsoren den Sport fest zu etablieren. Die Höhe der von ihnen ausgelobten Siegprämien stieg laut dem Radsportforscher Benjo Maso in der Folgezeit stetig – die Gewinner erhielten Beträge, für die Lehrer ein halbes Jahr und mehr hätten arbeiten müssen.

Der erwähnte James Moore (1849–1935), der seit seinem vierten Lebensjahr in Paris lebte, mit der Familie Michaux befreundet war und schon seit 1865 auf einem Veloziped für seinen Vater Botenfahrten unternahm, wurde zum größten Champion der Frühzeit des Radsports. Allerdings war er nicht der erste Sieger eines Geschwindigkeitsrennens, wie lange behauptet und auch auf Gedenktafeln verbreitet wurde. Zum einen war das im Park von Saint-Cloud veranstaltete nicht das allererste Rennen, zum anderen gewann nicht er die dort erfolgte erste Wettfahrt, sondern Polocini. Benjo Maso vermerkt kritisch: »So wurden also in der Geschichte des Radsports die Tatsachen von Beginn an durch Erdichtetes verdrängt. Was ein Denkmal für die Geburt des Radsports hatte sein sollen, ist in Wirklichkeit das Denkmal für seine erste Legende.«[9]

Das Radfahren war um 1868 zwar gewiss keine alltägliche Erscheinung; die Zahl der Enthusiasten aber stieg merklich. Angehörige von *tout Paris* nahmen die Herausforderung des Pedalierens jedenfalls als modische Abwechslung für eine Zeitlang an. Während einige frühe Versuche, die Cyclisten mit Zeitschriften bei der Stange zu halten, scheiterten, gelang es ab 1869 dem Pariser *Le Vélocipède Illustré*, einen größeren Leserkreis zu interessieren und an sich zu binden. Die Redakteure des Blattes hatten erkannt, dass es zunächst darum ging, dem zeitgenössischen Publikum die Überlegenheit des Velozipeds überhaupt gegenüber dem Zufußgehen zu beweisen. Aber wie ließ sich am besten demonstrieren, dass ein Veloziped-Fahrer mit weniger Kraft- und Zeitaufwand und auch geringeren Ermüdungserscheinungen größere Distanzen zurücklegen kann? Klug wie sie waren, beschlossen die Redakteure, für den 7. November 1869 ein Straßenradrennen über damals schier unfassliche 135 Kilometer auszuschreiben und zu organisieren. Sie weckten damit sowohl das Interesse des Publikums, wie das der auf Rennen erpichten Pedalritter. Bei *Le Vélocipède Illustré* gingen über zweihundert Anmeldungen ein – und zwar von männlichen und weiblichen Radfahrern. Darunter viele Amateure, aber auch Berufsrennfahrer – eine Kategorie, die im Jahre 1868 eingeführt worden war. Wobei letztere trotz einiger Proteste schon deshalb teilnehmen durften, weil die Redakteure des Blattes die Gefahr eines ausländischen Sieges gering halten wollten, fuhren die besten französischen Rennfahrer inzwischen doch allesamt für Geld. Neben den Velozipeden wurden übrigens auch Dreiräder zum Rennen zugelassen.[10]

Apropos weibliches Geschlecht: Der Radsport für Frauen kam zur gleichen Zeit auf wie der für die Männer. Den ersten

Die Compagnie Parisienne des Vélocipèdes.
Aus: *L'Illustration. Journal universel*, 12. Juni 1869

publizistisch ausgeschlachteten Velozipede-Wettkampf liefer-
ten sich Damen am 1. November 1868 vor rund 3000 Zuschauern im Park von Bordelais in Bordeaux.

Das von *Le Vélocipède Illustré* ausgelobte, historisch wohl
erste Straßenradrennen über die Langstrecke führte von Paris
nach Rouen. Um die 100 der 323 angemeldeten Fahrer stiegen
tatsächlich in die Pedalen – darunter mindestens vier Fahrerinnen. Als Gewinner des von Tausenden Zuschauern bestaunten
»Monsterrennens« und des von der Compagnie Parisienne be-
reitgestellten Preisgelds in Höhe von 1000 Goldfranken ließ sich
James Moore feiern. Von den 34 Sportlern, die die Strecke bei
strömendem Regen bewältigten, brauchte er 10 : 40 Stunden,
was einem Stundenmittel von gut 11,5 km/h entsprach. Die
schnellste Frau, die unter dem Pseudonym angetretene Miss
America, benötigte gut 22 : 50 Stunden. Entscheidend für die

Promotoren war, dass Moore im Ziel »keinen müden Eindruck« machte. Zum Missfallen der Familie Michaux hatte er den Sieg allerdings nicht auf deren Fabrikat, sondern auf einem Suriray-Veloziped herausgefahren, welches bereits Kugellager und Vollgummireifen aufwies. Präziser: Das Michaux-Serienrad war um jene Zeit material- und konstruktivtechnisch nicht mehr auf der Höhe der Zeit.

Das Straßenrennen Paris – Rouen erwies sich für alle Beteiligten wahrlich als ein Segen. *Le Vélocipède Illustré* erzielte eine beachtliche Auflagensteigerung, die Veloziped-Firmen konnten ihre Werbemaßnahmen ausbauen, die Buchmacher hatten ein neues Geschäftsfeld und die Berufsrennfahrer eine vielversprechende Zukunft.

Im gleichen Jahr fand im Spätsommer anlässlich der Landes-Industrieausstellung in Altona mit 3500 Ausstellern ein »Velo-cipéden-Wettreiten« in Deutschland statt. Organisiert und durchgeführt wurde es vom St. Georger Velocipeden-Club und vom Eimsbütteler Velocipeden-Reit-Club (seit 1881 Altonaer Bicycle-Club von 1869/80). In beiden Clubs gab es Mitglieder, die Eigenkonstruktionen der Maschinen mit der Frontkurbel herstellten. Nachdem am 10. September 1869 ein Pferde- und Elefantenrennen im Vorfeld ausgetragen worden war, fanden mehrere Velozipeden-Rennen über 750, 1000 und 1500 Meter statt. Sie wurden unter reger Beteiligung der Konstrukteure ausgefahren. Das überlieferte Programm weist als Teilnehmer z. B. aus: Friedrichsen, Mechaniker (Altona); Langer, Kaufmann (Berlin); Müller, Fabrikant (Berlin); Nielsen, Mechaniker (Hadersleben); Reinsch, Fabrikant (Dresden); Samuelson, Kaufmann (Hamburg); Schlüter, Fabrikant (Pinneberg); Tewes, Kaufmann (Harburg).[11] Die Sieger wurden anschließend mit Lorbeeren geschmückt, und damit auch die Damen nicht zu kurz kamen, beschloss ein großer Ball den für den Radsport und das Radclubwesen in Deutschland denkwürdigen Tag. Der Altonaer-Bicycle-Club 1869/1880 bezeichnet sich als ältester Radfahrverein der Welt – er gehört zweifellos zu den ältesten.[12]

Seit 1869, so viel steht fest, garantiert die Trias Medien, Kommerz und Profis genau das, was den Radsport in all seinen Facetten heute noch auszeichnet. Die Erfolge der französischen Hersteller ermunterten deutsche Mechaniker und Kaufleute um jene Zeit zu mindestens 37 Firmengründungen. In Stuttgart wurde 1869 die »erste deutsche Vélocipèdes-Fabrik C. F. Müller« aus der Taufe gehoben, die freilich nicht die erste war, und auch an den expandierenden Wirtschaftsstandorten Berlin, Dresden, Frankfurt a. M. und Hamburg herrschte ein gewisses Gründungsfieber. In Braunschweig eröffnete Heinrich Büssing (1849–1923) im Frühjahr 1869 eine »Vélocipèdes-Fabrik«. Der spätere Nutzfahrzeugbauer, der ein Jahr zuvor »die ersten Velocipeden« gesehen und dann nachgebaut hatte, führte hierzulande die Serienproduktion von qualitativ guten Zwei- und Dreirädern ein und galt eine Zeitlang als größter deutscher Frontkurbelradhersteller. Der junge Unternehmer warb für seine Maschinen in Briefen, Prospekten und vor allem Kleinanzeigen. Zwischenhändler sorgten in Deutschland und Österreich für einen florierenden Absatz. Allein in der zweiten Jahreshälfte 1869 wechselten einige hundert Velozipede den Besitzer und wurden mehr als 1500 Kinderräder – »ganz eisern und mit Holzrädern« – ausgeliefert. »Nebenbei stellte Büssing ab Januar 1870 für Jahrmärkte, Kaffeehäuser und Gartenlokale ›Velocipeden-Karussells‹ her, die den Betreibern offenbar sehr gute Einnahmen bescherten.«[13] Durch Karussells wurden übrigens schon im 19. Jahrhundert viele technische Neuheiten einem breiteren Publikum vor Augen geführt.

Zu Beginn des Jahres 1870 waren insbesondere in Frankreich, aber auch in England sowie in den deutschen und anderen Landen radelnde Kinder, Jugendliche und Erwachsene keine absolut außergewöhnliche Erscheinung mehr. Die übliche Bandeisenbereifung machte das Fahren der schwergewichtigen Maschinen holprig und erschütterte nicht selten Mark und Bein. Darüber hinaus galten in vielen deutschen Städten Gesetze, die das Knochenschüttler-Reiten auf den Straßen gewiss nicht förderten: »Das Rollen von Fässern, Rädern und dergleichen Gegenständen [...] sowie alle ähnlichen Handlungen, welche geeignet sind, Thiere scheu zu machen, sind auf öffentlicher Straße nicht gestattet.«[14]

Für die sportlich motivierten Radler erwies sich vor allem der Durchmesser des Antriebslaufrades als Leistungsbremse.[15] Hatten sie ein 28-Zoll-Rad mit Tretkurbel, so erreichten die Rennfahrer zwar Tretfrequenzen von bis zu 150 Umdrehungen in der Minute – da aber das 28-Zoll-Rad bei einer Tretkurbelumdrehung bestenfalls 2,3 Meter zurücklegt, kamen sie über eine gewisse Geschwindigkeit nie hinaus. Und eben weil die Fahrer merkten, dass sie mehr Kraft hatten, als sie mit dem 28-Zoll-Rad umsetzen konnten, begannen sie über das Hebelverhältnis von Tretkurbellängen zum Raddurchmesser nachzudenken. Was daraufhin folgte, liegt auf der Hand: Sie drangen auf immer größere Vorderräder – und erhielten sie. Es dauerte nicht lange, da löste eine neue Generation von Velozipeden die herkömmlichen ab, begann quasi der Höhenflug der Hochräder.

Aber gemach. Die sozialen wie auch die politischen Verhältnisse standen im letzten Drittel des von der Industrialisierung geprägten 19. Jahrhunderts gewaltig unter Druck. Velozipede waren für die Masse der Bevölkerung kein bezahlbares und wohl auch nur bedingt erstrebtes Individualverkehrsmittel. Im Sommer 1870 kam der Knochenschüttler auf dem Kontinent durch politische Ereignisse völlig aus der Spur. Zu jener Zeit entstanden zwischen Frankreich und dem Norddeutschen Bund unter der Führung Preußens (einschließlich der verbündeten süddeutschen Staaten) so unversöhnliche nationalistische Positionen, dass sich Kaiser Napoleon III.[16] am 19. Juli 1870 dazu entschloss, Preußen den Krieg zu erklären. Fortan war in der Presse keine Rede von Velozipeden mehr und wurden deren Fabrikanten diesseits und jenseits des Rheins angewiesen, kriegswichtige Dinge zu produzieren. Die preußische Heeresführung setzte im Juli 1870 auch nicht auf Rösser oder Stahlrösser, sondern auf die Leistung der zu jener Zeit bereits gut ausgebauten Eisenbahn. Binnen 18 Tagen rollten damals 462 000 Soldaten auf Schienen in die Aufmarschgebiete. Anders die französische, weil es an Pferden mangelte, setzte sie Michaulinen für Kurierdienste ein.

Die französischen Armeen waren den Preußen und ihren Verbündeten bekanntlich nicht gewachsen – der Krieg endete im Frühjahr 1871 nach dem Fall von Paris. Im Mai 1871 wurde nach dem »Vorfrieden« von Versailles der Frieden in Frankfurt a. M. besiegelt. Hohe französische Reparationen sowie die Abtretung Elsass-Lothringens waren die Folge, die die deutsch-französischen Beziehungen bis weit ins 20. Jahrhundert hinein schwer belasteten. Nach dem Krieg wurde das Deutsche Reich gegründet, der preußische König Wilhelm I. nahm den Titel »Deutscher Kaiser« an und Otto von Bismarck übernahm die Rolle als erster Reichskanzler. In der Folgezeit häutete sich Deutschland als autoritäre Militärmonarchie und stieg gleichzeitig zur weltweit drittgrößten Industrienation auf. Technische Neuerungen wie der Eisenbahnausbau, die Dampfschifffahrt und die Telegraphie sowie der forcierte Freihandel und länderübergreifende Vereinheitlichungen wie der Goldstandard ließen die Welt immer mehr zusammenrücken, begründeten die Globalisierung.

Für die sich auf dem Kontinent gerade entwickelnde Fahrradindustrie hatte der Waffengang von 1870/71 einschneidende Folgen, die französische kam nach dem Friedensschluss mangels Kapital zunächst fast völlig zum Erliegen. In Deutschland nahmen Büssing und viele andere Hersteller die Produktion auch aufgrund mangelnder Nachfrage nicht wieder auf.

Und was passierte jenseits des Ärmelkanals, in England, das Neutralität bewahrt hatte? Dort brach das Goldene Zeitalter der Fahrradentwicklung an, als deren »Vater« James Starley (1830–

1881) gerühmt wird. Starley hatte sich in den 1860er Jahren als hervorragender Nähmaschinenkonstrukteur erwiesen. Er hatte die herkömmlichen Handkurbeln durch einen umgehend patentierten Fußpedalantrieb ersetzt und ab 1861 mit Partnern in Coventry die Sewing Machine Company in Schwung gebracht.

Weil die Geschäfte gegen Ende der Dekade ins Stocken gerieten, nahm das Unternehmen zusätzlich die Produktion von Nachbauten einer aus Frankreich importierten Michauline auf. Sie befriedigte die Anforderungen in vielerlei Hinsicht nicht – Starley nahm deshalb neben der Verbesserung des existierenden Modells eine Neukonstruktion mit noch günstigerer Kraftübertragung in Angriff. 1871 stellte er mit seinem Kompagnon William Hillman ein völlig neuartiges *bicycle* vor, das »Ariel«. Es bestand aus einer leichten Ganzstahlkonstruktion und einem um mehr als ein Drittel vergrößerten Vorderrad (125 cm Durchmesser) nebst einem kleinen Hinter- bzw. Stützrad (35 cm Durchmesser). Die entscheidende Innovation des 1870 patentierten Hochrads zeigte sich bei näherer Inaugenscheinnahme des mit Hohlfelgen und Hartgummireifen versehenen vorderen Antriebsrades. Es wies Haarnadelspeichen aus Stahldraht auf, die das schulterhohe Rad leicht, elegant und dennoch stabil wirken ließen.

Allerdings war diese zukunftsweisende Lösung keine originäre Idee von Starley – um hier eine weitere Legende zu begraben. Ein gespeichtes Rad hatte sich 1868 bereits der Pariser Mechaniker Eugène Meyer patentieren lassen, der auch Hochräder entwickelte. Als im August 1870 französische Berufsfahrer zur »Midland Counties Championship« kamen, fuhr der berühmte James Moore auf einem Meyer-Hochrad mit Stahldrahtspeichen, und das entging gewissen Briten offenbar nicht.[17] Immerhin reichten kurz darauf Starley und Hillman das Patent für ihr Hochrad »Ariel« mit Tangentialspeichen ein. Das englische Patent auf Tangentialspeichen wiederum hielt zu jener Zeit Edward Alfred Cowper.

Starley und Hillman nutzten den gegenüber der radialen Speichung erwiesenen Vorteil der tangentialen, die die ausschließliche Übertragung der Zugkräfte zwischen Nabe und Radkranz ermöglicht. Mit dem von Starley 1874 patentierten gekreuzten Tangentialspeichenrad, bei dem die Speichen paarweise antagonistisch zueinander eingespannt sind, verhalf der Brite der modernen Fahrradentwicklung zu einer wichtigen Komponente – Tangentialspeichen sind nach wie vor Standard. Die neuen Speichenräder verliehen den englischen Hochrädern nicht nur ein elegantes Aussehen, sie ermöglichten zudem die Reduzierung des Gewichts der beeindruckenden Maschinen.

Der Grundtyp der Ariel-Maschine stimulierte aufgrund einer lebhaften Nachfrage alsbald diverse sich neu etablierende Fahrradfabriken zu Nachbauten. 1878 boten in Großbritannien bereits ca. 60 industrielle Hersteller mehr als 300 verschiedene Hochradmodelle bzw. sogenannte »Ordinary-Bicycles« an. Sie unterschieden sich zwar nicht vom grundlegenden Design, wiesen bis 1893, als ihre Produktion fast überall eingestellt wurde, jedoch zahlreiche herstellerspezifische technische Neuheiten, wie effektivere Bremsen, gefederte Sättel oder leicht laufende Radnabenkugellager auf. Die zumeist lediglich um die 20 kg wiegenden Vehikel – es gab bereits Rennversionen, die deutlich leichter waren – begeisterten neben den Rennfahrern immer mehr Männer des inzwischen vom steigenden Wohlstand profitierenden und sportlich interessierten englischen Bürgertums. Was Wunder – sie waren teuer und gewährten quasi automatisch Sozialprestige (was durch die den Reitern ebenbürtig hohe Sitzposition zusätzlich offenbar wurde), sie konnten wegen des großen Vorderrads Unebenheiten im Straßenbelag leichter wegstecken, sie waren deutlich schneller (bei Rennen über 40 km/h) und sie offerierten einen unwiderstehlichen Nervenkitzel. Denn das Hochradfahren verlangte nicht nur deutlich mehr Geschick beim Auf- und Absteigen, es zwang die Fahrer bei Bremsvorgängen auch häufiger, als ihnen lieb sein konnte, zum »Kaisersprung« über den Lenker.

Da die Pedale fest mit dem Rad verbunden waren und keinen Freilauf hatten, entwickelte das große Vorderrad schwer kontrollierbare, starke Kräfte. Das Lenken gestaltete sich schwierig, weil das Körpergewicht des Fahrers mitbewegt werden musste – enge Kurven waren kaum zu meistern. Uwe Timm hat die Nebenfolgen des Ordinary-Fahrens in seinem Roman *Der Mann auf dem Hochrad* nachempfunden. Im Mittelpunkt steht der vom Verfasser in Coburg angesiedelte Tierpräparator Franz Schröter: »Es hatte in der Stadt schon vor Onkel Schröter Versuche gegeben, das Fahrradfahren einzuführen [...]. Aber die Vorgänger – oder genauer Vorfahrer – von Onkel Franz gaben, nachdem sie die beträchtliche Fallhöhe am eigenen Leib verspürt hatten, schnell wieder auf. Der Fahrer saß nämlich ziemlich genau auf der Mitte des übergroßen Vorderrades. Bei scharfem Bremsen, steilem Bergabfahren oder aber, wenn ein größerer Stein im Weg lag, wurde er mit kräftigem Schwung über das Vorderrad gehoben und mit dem Kopf voran zu Boden geschleudert. Header, Cropper oder Kopfsturz nannten die Fahrradpioniere diesen Sturz.«[18]

Das Hochrad blieb bis in die 1890er Jahre ein beliebtes Sport- und Freizeitgerät für wagemutige und akrobatisch versierte Männer, von denen so einige die unvermeidlichen Stürze mit dem Leben bezahlten. Bei den zunehmend veranstalteten Tourenfahrten und Rennen hatten vor allem die Fahrer die Nase vorn, die längere Beine als die anderen hatten. Der 1,90 m große britische Berufsradler Herbert Lidell Cortis (1857–1895) etwa gewann 1879 als Erster alle vier Rennen der National Cyclist's Union – über eine, fünf, 25 und 50 Meilen.[19] Sein Landsmann Thomas Stevens (1854–1935), der 1871 in die USA ausgewandert war, begründete 1885 die bis heute beliebten Weltumrundungen per Zweirad.[20] Stevens hatte ein Jahr zuvor die 6400 Kilometer lange Strecke zwischen San Francisco und Boston auf dem Hochrad in 104 Tagen bewältigt und darüber eine Serie von Artikeln veröffentlicht. Prompt erklärte sich der auf zugkräftige Werbung setzende US-Fahrradproduzent Albert Pope dazu bereit, dem ambitionierten Tourenfahrer eine Reise um die Welt zu finanzieren. Im April 1885 nahm Thomas Stevens in Begleitung einiger britischer Radfreunde die Fahrt zunächst durch Europa auf. Hoch auf dem »Columbia«-Rad erreichte er im Dezember 1886 die letzte Station Yokohama, wo nach seinen Angaben gut 22 000 geradelte Kilometer zu Buche schlugen, was gewiss keine Kleinigkeit war. Klug wie er war, verfasste der Abenteurer über seine Erlebnisse ein dickes Buch, mehrte seinen Ruhm durch Lesungen und Vorträge und bescherte der Nachwelt die Information, dass er vielerorts von bass erstaunten Zuschauern gebeten worden war, Vorführungen mit dem Hochrad zu machen.[21]

Das von Spöttern in Frankreich »Le Grand Bi« und in England »Penny Farthing« genannte Hochrad wird in vielen Publikationen als »grotesker Umweg« oder »Sackgasse« der Fahrradentwicklung dargestellt.[22] Das kann man so sehen; nicht übersehen werden sollte jedoch, dass dieses zum Kultgegenstand gutbetuchter Enthusiasten avancierende Vehikel den so wichtigen und nachhaltigen Entwicklungsschritt hin zur leichtmechanischen und den Wirkungsgrad optimierenden Zweiradkonstruktion markiert. Dass es in England auf die Straße kam, verwundert schon deshalb nicht, weil das Land zu jener Zeit führend im Maschinenbau und der Feinmechanik war. James Starley profitierte vom Wissenstransfer der metallverarbeitenden Industrie. Erfahrungen des traditionell mit schweren Materialien und Holz arbeitenden Kutschenbaugewerbes »behinderten« ihn nicht.[23]

Darüber hinaus beförderte das Ordinary (nicht nur) in Europa das Entstehen der Fahrradkultur. Es planierte gleichsam den Weg für die Bauteil- und Zubehörindustrie, die von Signalhörnern über halbvernickelte Gabeln, sturmsicheren Petroleum-

CONTINENTAL
COMMERCIAL
HANDICAP.

Taking the Lead.

»Die Führung übernehmen«. Karikatur von J. M. Staniforth aus dem
Evening Express (Wales), 17. Dezember 1898

lampen bis hin zu »Sicherheitslenkern« so ziemlich alles lieferte,
was den Distinktionswünschen der Kundschaft irgendwie gerecht wurde. Das Ordinary verhalf dem Radsport zu großer Po-
pularität – Hochradrennen zogen in den 1880er Jahren große
Menschenmengen an und belebten sowohl das Geschäft der
Buchmacher wie auch der Verleger, die den Markt mit einer Vielzahl einschlägiger Zeitschriften fluteten. Das Ordinary gab den
Enthusiasten Anstoß zur Gründung von Radfahrerclubs, die sowohl ihre eigenen Bekleidungsvorschriften und dergleichen
mehr festlegten, als auch die Kameradschaft und Fachsimpelei
förderten. Lobbyistisch tätig wurden sie zunehmend auch. 1878
existierten allein in London 64 Clubs. Auf dem europäischen
Kontinent war das Gründungsfieber in einigen Regionen und

Großstädten wie Hamburg und Wien nicht minder bemerkenswert. Nachdem 1878 in den USA der Boston Bicycle Club aus der Taufe gehoben war, entwickelte sich auch jenseits des Atlantiks eine rege Rad-Geselligkeit.

Während nach dem Aufkommen der Velozipede auch bürgerliche und adelige Damen an dem neuen Freizeit- und Sportgerät einigen Gefallen fanden – in Frankreich und England fuhren die Michaulinenreiterinnen auch Rennen –, wurde das Zweiradfahren in der Blütezeit des Hochrads zu einer männlichen Domäne. Für die Damenwelt war das schwer zu erklimmende und einigen Mut bedingende Hochrad in aller Regel kein Objekt der Begierde. Im Übrigen sahen die gesellschaftlichen Konventionen der Oberschicht eine sportliche Betätigung des weiblichen Geschlechts nur sehr bedingt vor. Ausnahmen bestätigen die Regel. Zu den großbürgerlichen Frauen, die sich über alle Unfallrisiken und gesellschaftlichen Konventionen hinwegsetzten, gehörte die Bremerin Aline von Kapff mit ihren Freundinnen. Die von der Frauenrechtlerin Meta Sattler (1867–1958) überlieferten näheren Umstände des weiblichen Hochradfahrens zu Beginn der 1890er Jahre lauten so:

»Nur wenige weibliche Wesen hatten sich daran gewagt, darunter Anna Hagens [...] und Tante Aline v. Kapff, die anfangs vor jedem entgegenkommenden Fuhrwerk ihren ›Kaisersprung‹ machte, d. h. vom Sattel nach vorn herunterhüpfte und dann, mit beiden Füßen über dem Rad auf dem Boden stehend, wartete, bis die ›Gefahr‹ vorüber war. Sie machte aber doch trotz ihrer rd. 55 Jahre und der erwähnten Unsicherheit Ausflüge mit dem Richter-Ehepaar Funk und Frau Senator Schacht [...]. Diese und die ergraute umfangreiche A. v. Kapff waren häufig Zurufen aus der solche Anblicke ungewohnten Bevölkerung ausgesetzt wie: ›Mudder, sieh to, dat du de lüttje Deern inhalst‹.«[24]

Aline von Kapff führte aufgrund eines großen Erbes ein unabhängiges und eheloses Leben. Sie hatte in München und Paris Malerei studiert und schätzte offenbar so sportlich-akrobatische

Herausforderungen wie das Hochradfahren. Die meisten »Standesgenossinnen« hielten sich vom Ordinary fern oder zogen die sogenannten »Trycicles« vor. Diese Vehikel kamen ab den späten 1860er Jahren in den Handel. Es gab sowohl leichtere Modelle für Frauen als auch diverse Konstruktionen für das auf kostengünstigen Warentransport angewiesene Kleingewerbe. Ende der 1870er Jahre wurden allein in Coventry über zwanzig verschiedene Dreiradtypen produziert. Darunter auch sogenannte »Sociables« – zweisitzige Räder mit zwei unabhängig voneinander funktionierenden Tretkurbeln.

Im deutschen Kaiserreich glänzten die filigranen Hochräder ab Beginn der 1880er Jahre auf Park- und anderen Wegen insbesondere der Großstädte. Zahlreiche Händler importierten englische und amerikanische Fabrikate und Komponenten, zudem nahmen Hersteller wie etwa die 1880 von Heinrich Kleyer gegründeten Adler-Fahrradwerke in Frankfurt a. M. die industrielle Fertigung auf. Einer der Kunden von Kleyer hieß Adam Opel (1837–1895) – der Nähmaschinenfabrikant kaufte 1883 seinen fünf Söhnen »Herold«-Hochräder in jeweils passender Größe. Drei Jahre später nahm er selbst die Herstellung von Zweirädern auf – in der Folgezeit wurden die Opel-Werke zum größten Fahrradhersteller Deutschlands. Ende der 1920er Jahre avancierte das auch im Automobilbau erfolgreiche Unternehmen zum größten Fahrradproduzenten der Welt.

Zu den frühen deutschen Hochradfahrern gehörte mit Richard Nagel (1857–1905) ein bremischer Kaufmann, der ab 1880 mit einem Kompagnon den Kaffeehandel aufgenommen hatte und bald darauf zusätzlich die Vertretung der Räder von Singer & Co. (Coventry) übernahm. Der offenbar keine körperlichen Herausforderungen scheuende Nagel berichtet in seinem Tagebuch 1881, dass ihn der »Hochradsport gefangen« hatte und erhellt quasi nebenbei, worauf Hochradfahrer alles gefasst sein mussten (er fuhr zunächst eine englische »Xtraordinary«-Maschine, dann auch den »Star« aus den USA). »Spaßige Erlebnisse entstanden aus der Unbekanntheit des Publikums mit den neuen Fahrzeugen. Einst kam ich auf regnerischer Heerstrasse den drei Müllerinnen entgegen. Froh schwang ich mein Hütchen & flog ihnen dann im schönen Schwunge frei über die Lenkstange zu Füßen mitten in eine Wasserpfütze. Ich eilte die Hügel nach Falkenburg [im Umland Bremens] hinauf, an den Seiten wogende Kornfelder, oben sprang ich pustend ab, als ein Bauer, mit Geschrei durch die Felder auf mich losstürzte & und schrie, wie ich über das Korn habe laufen können, seine Augen quollen aus dem Kopfe: er hielt mich für einen Zauberer. Kein Überreden half, der Kerl wollte mich nicht loslassen. Endlich konnte ich es ihm vormachen & kam nicht wieder.«[25]

Die Hochräder stießen im deutschen Kaiserreich in vielen Städten auf wenig Gegenliebe – vielerorts wurde das Hochradfahren sogleich verboten, in Köln etwa bis 1894. Auch in der frühen deutschen Zweiradhochburg Bremen wurden sie von einem Großteil der Bevölkerung eher skeptisch beäugt, denn begrüßt. Dank der Forschung von Florian Nikolaus Reiß lässt sich sehr gut nachvollziehen, wie sich die Dinge in der Hansestadt konkret entwickelten.[26]

Fahrversuche von »Michaulinenreitern«, die vor allem die ebenen Fußwege befuhren, stießen bereits in den 1860er Jahren (nicht nur) in Bremen auf wenig Gegenliebe bei den spazierengehenden Bürgerinnen und Bürgern. Sie wollten nicht von offenbar schwer zu bremsenden Zweirädern aufgescheucht werden. Deshalb untersagte die Polizeidirektion 1869 den Anhängern dieser »neumodischen Passion« das Befahren der Trottoirs und Promenaden mit Velozipeden. Als das Hochrad aufkam, brachten in der Handelsstadt Bremen ein- und ausgehende Engländer und Amerikaner ihre Maschinen mit und versetzten damit die Öffentlichkeit erneut in Staunen. Finanziell gut gebettete Bremer Kaufmannssöhne, Kaufleute wie der erwähnte Richard Nagel und auch Lehrer eiferten ihnen umgehend nach. 1881 riefen die Hochradfans den Bremer Bicycle-Club ins Leben, um ihren Interessen Gehör zu verschaffen, waren doch die gesellschaftlichen Widerstände gegen die Radfahrer noch recht hoch. In Lübeck zum Beispiel untersagte ab 1892 eine Verordnung ausdrücklich das Befahren der Trottoirs. Immerhin war die Lobbyarbeit des Bicycle-Clubs nicht vergebens, denn 1884 erließ Bremen eine neue »Landesherrliche Verordnung, betreffend den Gebrauch von Velocipeden auf Fußwegen«. Darin heißt es u. a.: »Es ist verboten, die Fußwege der Heerstraßen und Landstraßen mit anderen als zweirädrigen Velocipeden zu befahren. Auf kleine, als Kinderspielzeug anzusehende Velocipeden findet dieses Verbot keine Anwendung. [...] Übrigens bleibt für den Fall, daß diese Verordnung sich als unzureichend erweisen sollte, ein gänzliches Verbot des Velocipedenfahrens auf Fußwegen vorbehalten.«[27]

Das Befahren der Fußwege wurde in Bremen fortan gestattet. Allerdings nur den Radfahrern, die zugleich eine polizeiliche Fahrprüfung bestanden hatten (was den aufkommenden Fahrschulen eine gute Geschäftslage bescherte). Wer als fahrtüchtig befunden worden war, konnte jedoch nicht gleich losstrampeln. Ein gebührenpflichtiger Erlaubnisschein musste ebenso angeschafft werden wie ein gut sichtbares Nummernschild. Kontrollen gab es natürlich auch; nicht zuletzt, weil von Ostern bis in den Herbst am Sonntagnachmittag das Radfahren auf Promenaden und Trottoirs verboten war. Die großzügigen Regelungen erfreuten die Pedalritter so sehr, wie sie dem »Fußvolk« gegen den Strich gingen. Florian Reiß vermerkt: »Es hagelte Anzeigen! Mögen viele von ihnen ihre Berechtigung gehabt haben, so kann man sich beim Durchlesen der Akten des Eindrucks nicht erwehren, dass manchmal auch Sozialneid mitschwang. Es war die reiche Oberschicht, die hier ihre Freiheiten auslebte, und das wurde und wird nicht immer gern gesehen. Ein Bürgerschaftsmitglied ging in seiner Abneigung gegen diese ›vollkommen unnütze Maschine‹ so weit, dass er einem vorbeifahrenden Hochradfahrer seinen Regenschirm in die Speichen steckte.«[28]

Die Zeiten der »unnützen Maschine« waren im Prinzip schon vorbei, als 1884 die Bremer Fahrradordnung publiziert wurde. Denn in jenem Jahr kamen die ersten »Sicherheitsräder« auf den Markt – etwa das mit einem Übersetzungsgetriebe versehene »Kangaroo« von Singer & Co., das zwar noch zur Gattung der Hochräder gehörte, aber bereits ein deutlich »geschrumpftes« Vorderrad aufwies. Für die historische Verdrängung des von prominenten Sportlern und ihren Nacheiferern so geschätzten Hochrads sorgte ab 1885 nicht zuletzt der englische Konstrukteur John Kemp Starley (1854–1901), ein Neffe von James Starley. Er hatte sich vorgenommen, der großen Phalanx der Ordinary-Hersteller durch eine völlige Neuentwicklung den Rang abzulaufen. Was ihn zum folgenreichen Abschied von der Hochrad-Konstruktion bewog, drückte er in einer Rede so aus: »Das Hauptprinzip, von dem ich mich beim Bau dieser Maschine leiten ließ, bestand darin, den Fahrer in angemessener Entfernung vom Boden zu platzieren [...], den Sattel in der richtigen Position in Bezug auf die Pedale zu setzen [...], den Lenker in einer solchen Position zum Sattel anzubringen, dass der Fahrer mit der geringstmöglichen Anstrengung die größtmögliche Kraft auf die Pedale ausüben konnte.«[29]

Das Ergebnis seiner ergonomischen Überlegungen konnte sich sehen lassen. Es wurde von John Kemp Starley und seinem Kompagnon William Sutton im Jahre 1885 der Öffentlichkeit unter dem Namen »Rover« präsentiert und begründete die bis heute anhaltende Ära des Niederrads. Wenn ein vielzitiertes Technikhistorikerteam begeistert raunt: »Es heißt, er habe die ersten Versuchsmodelle zusammen mit seinem Partner in dessen Kutsche hinaus aufs Land gebracht, um sie dort unbeobachtet testen zu können«[30], dann sollte freilich eines nicht aus dem Blick geraten: Ohne die Vorleistungen anderer Entwickler wäre das »Rover Safety« nicht in die Welt gekommen. John Kemp Starley war jedenfalls nicht der erste Konstrukteur, der die größte mechanische Schwachstelle des Hochrads erkannt hatte. Dass

Fahrrad vom Typ Rover I, 1879

die Tretkurbel am Vorderrad fehlplatziert war, weil sie das Lenken behinderte, wurde in englischen Fachzeitschriften wie *The Mechanic's Magazine* bereits 1880 thematisiert, und eine wegweisende Maschine mit Hinterrad-Kettenantrieb, die den Vorteil einer Übersetzung bot (vom relativ großen Zahnkranz des Kettenblatts auf ein Ritzel an der Hinterradnabe), hatte sich 1879 der Ingenieur Harry J. Lawson patentieren lassen. In Paris war ein solches Vehikel bereits 1869 auf der Internationalen Fahrradschau zu sehen gewesen. André Guilmet, ein Uhrmacher, baute ein Fahrrad mit einer Endloskette vom zwischen den Rädern liegenden Tretlager zum Hinterrad.[31]

Blieb nur noch das Problem der Kettenqualität. Es löste sich gleichsam ab 1880, als der in der Schweiz aufgewachsene und nach Manchester emigrierte Hans Renold (1852–1943) eine Buchsenkette aus Stahl entwickelte, die die Reibung zwischen Kette, Kettenblattzähnen und Ritzel deutlich reduzierte. Nachdem er die heute noch tätige Firma Hans Renold Co. gegründet hatte, beantragte er 1885 das Patent für eine Blockkette, zog das Gesuch dann aber zurück, weil er sich entschieden hatte, seine effiziente Produktidee der Fahrradindustrie zur freien Verfügung zu stellen. Fortan setzte sich die einen guten Wirkungsgrad ermöglichende Blockkette durch. Sie wurde in den 1930er Jahren von der heute noch üblichen Rollenkette abgelöst, bei der die Rollen ein geschmeidigeres Einhängen der Kette auf die Zähne der Ritzel und Kettenblätter ermöglichen.[32] Als John Kemp Starley 1885 die erste Version des »Rover«-Niederrads mit Hinterradantrieb samt Blockkette präsentierte, erwies es sich noch nicht als perfekt. Es hatte auch keine gleich großen Räder. Spätestens als der von ihm zur Absatzsteigerung angeheuerte Berufsfahrer George Smith im September 1886 mit dem »Rover II« bei einem 100-Meilen-Rennen einen neuen Rekord aufstellte (er benötigte fast genau sieben Stunden), stand für viele Marktbeobachter und Produzenten jedoch fest, dass dem Hinterrad-Kettenantrieb die Zukunft gehörte.[33] Aufsehen erregte bald darauf das Modell »Rover III«. Es hatte einen Trapez- bzw. Diamantrahmen[34] – also genau den, der heute noch das Design der meisten Räder prägt.

Mit dem Ordinary war ab 1871 ein Prozess ins Rollen gekommen, der keineswegs in die Sackgasse führte. Er ermöglichte es den hohe Umsätze und Gewinne »einfahrenden« Herstellern in den großen englischen Produktionszentren Coventry, Birmingham und London innerhalb von zwanzig Jahren, durch gezielte Optimierungsversuche das Zweirad so zu perfektionieren, dass es im Takt mit der Effektivierung der industriellen Produktionsmethoden zu einem endlich von Frauen, Männern, Mädchen und Jungen gleichermaßen nutzbaren, funktionstüchtigen Transportmittel reifen konnte. Die Bauart des sicheren Niederrads mit Kettenantrieb setzte sich ab Mitte der 1880er Jahre in allen Industrieländern fast schlagartig durch und verdrängte sämtliche bis dahin gängigen Zwei- und auch Dreiradtypen prompt vom Markt. Nicht nur das »Rover« aus Coventry wurde zu einem Exportschlager und eroberte die Läden in Frankreich, Italien, Deutschland, Österreich und anderen Ländern mehr. Auch die Niederrad-Nachbauten und teils eigenwilligen Eigenkreationen von Stanleys Konkurrenten im In- und Ausland – zunächst auch mit Kreuzrahmen – belebten den Fahrradmarkt spürbar. Viele Nähmaschinenfabrikanten erkannten die Gunst der Stunde und zogen die Produktion von Fahrrädern auf. Die deutschen Zentren der Produktion entstanden in Bielefeld, Brandenburg, Chemnitz, Frankfurt a. M., Nürnberg und Rüsselsheim. Zu den sich ab 1885 etablierenden Markenherstellern gehörten Adler, Anker, Bismarck, Brennabor (seit 1871), Corona, Diamant, Dürrkopp, Excelsior, Göricke, Hercules, Miele, NSU, Opel, Panther, Seidel & Naumann, Rabeneick und Victoria.

Das Sicherheitsrad prägte nun nicht nur nachhaltig das Fahrraddesign, es markierte durch seine benutzerfreundliche Konstruktion zugleich den historischen Zeitpunkt, ab dem das Radfahren im Prinzip für alle halbwegs gesunden Individuen keine allzu große Herausforderung mehr stellte. Gewiss, bis es als Kinder-, Herren- oder Damenrad durch die zugleich in Fahrt kommende Massenproduktion so preiswert wurde, dass die große Mehrheit der lohnabhängigen Menschen überhaupt an den Kauf selbst eines gebrauchten Niederrads denken konnte, vergingen in Deutschland – auch kriegsbedingt – noch gut zwei Jahrzehnte. Die 1817 von Karl Drais angeschobene Entwicklung eines funktionalen, mit Muskelkraft angetriebenen Zweirads aber kann ab 1885 als mehr oder weniger abgeschlossen gelten.

Eine immer noch den Fahrkomfort erhöhende wichtige Zusatzkomponente eroberte sukzessive ab 1888 den Markt. In jenem Jahr hatte der irische Tierarzt John Boyd Dunlop (1850–1921) die bereits seit 1845 ausprobierten Luftreifen so weit perfektioniert, dass sie die bis dahin üblichen Vollgummireifen ersetzen konnten. Die vom Volk zunächst als Windbeutel oder Leberwurst-Reifen verspottete Errungenschaft machte aus dem Niederrad nicht zuletzt ein noch schnelleres Renngerät. Das erste Radrennen mit (noch ziemlich dicken) Luftreifen fand am 18. Mai 1889 in Belfast statt.[35]

Das im späten 19. Jahrhundert flott gewordene Niederrad wurde nun nicht nur immer erschwinglicher, es erfuhr umgehend auch eine stetig steigende Wertschätzung durch das bis dahin vom Zweirad ziemlich strikt ferngehaltene weibliche Geschlecht. Aus dem Bürgertum, um genau zu sein, denn die jungen Frauen des Proletariats, die Arbeiterinnen und Dienstmädchen, hatten um die Jahrhundertwende und weit darüber hinaus in aller Regel weder die Zeit noch das Geld, um Radtouren ernsthaft ins Auge zu fassen. Erik Doffek verdeutlicht: »Wir müssen uns bewusst sein, dass die Befreiung der Frau durch das Fahrrad am Anfang nur die Frauen und Mädchen der sogenannten besseren Kreise betraf. Was hatte eine Arbeiterin mit einem 12-Stunden-Tag und anschließender Versorgung der Familie in einer Einraumwohnung, was ein Dienstmädchen mit einem 18-Stunden-Tag und einem freien Nachmittag in der Woche davon? Und wie sollten sie das immer noch recht teure Rad finanzieren?«[36] Anders die jungen Frauen des Bürgertums: Von ihnen wurde zwar erwartet, sich möglichst mit Handarbeiten, dem Klavierspiel und anderen schönen Künsten zu beschäftigen, um dann eines Tages eine gute Partie zu sein; auch blieb ihnen das eigenständige Leben und Entscheiden im heutigen Sinne überwiegend verwehrt. Aber die nach der bürgerlich geprägten Gründerzeit im neuen deutschen Kaiserreich aufgekommene Lebensreformbewegung und deren Ideale blieben in den gebildeten Kreisen nicht ungehört und -gelesen. Die jungen Damen aus gutem Hause nahmen sehr wohl wahr, dass ihnen die so modern wirkenden Vorstellungen der Lebensreformer eine neue Welt eröffnen konnten. Die Lebensreformbewegung wandte sich im Kern gegen die schon damals offensichtlichen Schattenseiten der Industrialisierung und Urbanisierung. Die große Wohnungsnot und Enge in den Städten, die harten Arbeitsbedingungen in den Betrieben, die zunehmenden gesundheitlichen Schäden und die Belastung durch Gestank und Lärm waren zu offensichtlich. Die führenden Lebensreformer propagierten eine Fülle ganz unterschiedlicher Reformvorschläge für ein besseres Leben – die Facette reichte vom Naturschutz, Bodenreform, körperlicher Fitness und der Wahrnehmung des Körpergefühls über eine zeitgemäßere Kunst bis hin zu sozialen und emanzipativen »Weckrufen«.

Da junge Menschen für den gesellschaftlichen Wandel vorantreibende Neuerungen seit jeher empfänglicher sind als ältere, machte sich im deutschen Kaiserreich vor allem die Generation der bis zu Dreißigjährigen anheischig, am Rad der Zeit zu drehen und damit gleichsam auch am vielversprechenden Niederrad. Bewegung in frischer Luft empfahlen zahlreiche Lebensreformer – gesagt, getan. Immerhin entdeckte um 1893 Prinzessin Louise Sophie, die Schwester der deutschen Kaiserin, das Radfahren für sich, und da der junge Kaiser Wilhelm II. es am kaiserlichen Hof gestattete, ließen sich andere Damen in diesen Krei-

Englisches Damenfahrrad. Abbildung in der Zeitschrift *Outing*, 1895

sen vom sogenannten Radsport schon gar nicht abhalten. Erst recht nicht all die bürgerlichen Frauen, die sich mit männlichen Ratschlägen nach dem Motto: »Wenn das zarte Geschlecht absolut das Bedürfniß zur Betätigung seiner Strampelkraft fühlt, so kann es diese ebenso gut an der Nähmaschine effektuieren«, nicht länger abspeisen lassen wollten. Mit einem Niederrad eröffnete sich ihnen die Chance, all die Landschaften der näheren Umgebung rauschhafter zu »erfahren« als bei Spaziergängen oder gelegentlichen Kutschausfahrten. – Es wird Zeit für ein Beispiel aus der Praxis.

Die Kaufmannstochter Ricarda Huch (1864–1947) – eine bedeutende Schriftstellerin, Historikerin und Philosophin, die 1892 als eine der ersten deutschen Frauen überhaupt promovierte, arbeitete ab 1896 eine Zeitlang als gut bezahlte Honorarkraft für das neu gegründete Vortrags-Lyceum in Bremen.[37] Und nicht nur das – sie fand in der Hansestadt Gefallen an den neuartigen Niederrädern und entschied sich prompt, das Radfahren in einer Fahrschule zu erlernen.[38] Aus ihrem Briefwechsel mit Emmi Reiff-Franck (Zürich) und ihrem Schwager Richard, mit dem sie bis 1897 ein Liebesverhältnis pflegte, lassen sich exemplarisch viele der Probleme und Freuden entnehmen, die den bürgerlichen Radpionierinnen sozusagen auf den Nägeln brannten.[39] Am 11. November 1896 berichtet sie Emmi: »Heute werde ich die erste Stunde im Radeln fahren.«[40] Zwei Tage teilt Ricarda ihrem Richard mit:

> »Seit vorgestern radle ich. [...] Heute habe ich auch Hoffnung gefasst, dass ich es lerne, bin schon ein bisschen allein gefahren [...] Mein hübscher weißer Körper ist ganz voller blauer Flecke. Ein allerliebster Junge bringt es einem bei. Ich wurde heute belobt, eine Dame sagte, sie hätte nach 30 Malen noch nicht gekonnt was ich nach 3 Malen. Manchmal hatte ich schon ein ganz sicheres Gefühl, und dann fühlte ich die Kräfte nachlassen und dann ist es aus. Die Bahn ist nicht sehr lang, und deshalb muss man fortwährend wenden: das macht mich unruhig und ängstlich, aber es ist vielleicht nützlich.«

Bei der »Bahn« handelte es sich übrigens um die 1885 eröffnete Rennbahn des Radfahrer-Clubs an der Schleifmühle mit 8000 Sitzplätzen (nahe des Bremer Hauptbahnhofs). Am 15. November, nur zwei Tage später, jubiliert das im Lyceum sogenannte Fräulein Dr. phil. Huch:

> »Süßer Richard, ich *kann* radeln. Ich fahre bereits allein, fühle mich sicher und vergnügt dabei und bin heute officiell belobt worden. Jetzt brauche ich nur noch Kraft und Übung, ich bin immer gleich müde und weißt Du, schön geht es überhaupt nicht, aber es geht doch.«[41]

Höchstwahrscheinlich hatte Ricarda Huch bereits eines der Damenmodelle des Niederrads zur Verfügung, bei denen das Oberrohr der Herrenräder durch ein parallel zum Unterrohr gezogenes ersetzt war. Einige Modelle waren um 1897 schon mit einem Ketten- und Kleiderschutz ausgestattet. Jedenfalls ließ Ricarda ihren Geliebten Ende November 1896 wissen: »Ich habe mir ein Kostüm zum Radeln gekauft, das ging ja nicht anders, Kostenpunkt 60 M. Aber es ist auch wundervoll solide und gediegen und auch für Bergtouren köstlich. Soll ich, wenn wir uns mal mit Radeln träfen, es anziehn?« Emmi schrieb sie am 14. Januar 1897 u. a.: »Radelst Du immer allein? Was für ein Kostüm hast Du – ich habe einen Hosenrock darüber.«[42] Nach einer Winterpause nahm die 33-jährige Akademikerin am 6. April 1897 das Touren mit dem Rad wieder auf und berichtete ihrem Richard auch darüber, freilich nicht ohne »ganz egoistische-weltliche Motive«:

»Vorgestern habe ich wieder angefangen, und von dem Augenblick an hat sich meiner ein Anflug von Seligkeit bemächtigt, dessen ich nicht wieder verlustig gehen möchte. Es ist zu schön. Ich fühle mich jetzt so ziemlich sicher. Natürlich aber kann ich das geliehene Rad nur so lange beanspruchen, bis ich es kann, und gestern hat [...] man mir schon Andeutungen gemacht, ich könnte mir nun ein eigenes kaufen. Erst dachte ich, es wäre Unsinn, mir für hier noch eins anzuschaffen, aber weißt Du, ich habe das Gefühl, als verlöre ich Jahre meines Lebens, wenn ich nicht radle. Also jetzt möchte ich von Dir wissen, ob Du mir in Deiner Fabrik eins besorgen willst, oder ob ich es mir hier kaufen soll. [...] Bitte, liebes Herz, lass mich entweder bald ein Rad haben oder wissen, ob ich es hier besorgen soll. Ich glaube, wenn alle Deutschen Rad führen, würden sie ihre dumpfe Sinnlichkeit verlieren und schöner und glücklicher werden.«[43]

Ricarda Huchs Fahrlehrer, der gemerkt hatte, dass sie bei ihm kein Rad kaufen würde, war inzwischen »missmutig geworden« und wollte ihr »keins mehr leihen, so dass ich immer unsicher bin ob ich eins bekomme.« Nach einigem Hin und Her – »Ich kann gar nicht fahren, wann ich will, sondern muss immer warten, wann der Mann gelaunt ist. Also wenn ich mir hier eins kaufen soll, kann mir schon irgendwer beim Aussuchen Rath geben« – erhielt sie endlich das so begehrte eigene Fahrrad. Allerdings waren damit nicht alle Probleme auf einen Schlag gelöst, denn, so schreibt sie Richard postwendend:

»[...] laufen thut es gradezu zauberhaft, weißt Du, es ist mir sehr oft gradezu wie ein Pferd, das mir durchgeht, wenn ich es zu fest ansporne. Aber unglücklicherweise kam ich gleich das erste Mal damit in furchtbaren Regen, das Wetter war unsicher, aber ich konnte der Lust nicht widerstehen, es zu probieren. Und dann war der Sattel sehr hoch, was zwar himmlisch geht, aber ich war nicht daran gewöhnt und konnte nicht aufsitzen und fiel infolgedessen mehrmals hin. Dann ging plötzlich das eine Pedal schlecht. Ich hatte die unsäglichste Mühe vorwärtszukommen, und es war gar nichts damit zu machen. Schließlich brachte ich es zu einem Radmann, und da war dann die kleine eiserne (oder was es für ein Metall ist) Axe im Pedal gebrochen. [...] Nun also ferner war das Rad so furchtbar in den feuchten Schmutz gekommen, [...] es war gleich ganz verrostet und musste mit Petroleum behandelt werden. Ich habe einen ziemlichen Schrecken bekommen, denn das Putzen lerne ich sicher nie, und eigentlich müsste man es doch selbst machen. Ich will es mir aber noch einmal von den [...] Kindern zeigen lassen, die putzen es mit Bürsten, und das kann ich mir besser vorstellen. Jedenfalls scheint mir die Beschäftigung mit dem Rade das halbe Leben auszufüllen. Grade jetzt habe ich eine köstliche Beobachtung gemacht, ich wurde unwohl und zwar ganz ohne Schmerzen [...]; sicher kommt das mir vom Radeln, das macht eine leichte Blutcirculation. Das ist mir so beruhigend, weil man oft sagt, es wäre namentlich für Frauen so ungesund [...]. Gildemeisters nämlich finden Radfahren plebejisch und ärgern

Der älteste Radweg Deutschlands – in der Bremer Linienstraße. Der in der Mitte des Pflasters sichtbare, etwa 50 cm breite Streifen aus Schlackenstein sollte das Radfahren erleichtern.

sich schändlich, dass ich es thue, und da muss ich immer so was hören, was mich dann doch natürlich ängstigt. Es muss aber doch gesund sein, weil die augenblickliche Wirkung so wahrhaft und reinigend ist.«[44]

Die Familie Gildemeister, das nur am Rande, stand zu jener Zeit in Bremen mit an der Spitze der Patrizier und hatte großen Einfluss auf das gesellschaftliche und politische Leben. Sagt nicht der Satz: »Ich glaube, wenn alle Deutschen Rad führen, würden sie ihre dumpfe Sinnlichkeit verlieren und schöner und glücklicher werden«, alles? Die in konservativen Schienen festgefahrene Welt diverser gehobener Herren des Bürgertums mochte sich mit dem Gedanken nicht anfreunden, dass Frauen genauso gerne den Verlockungen des geschwinden Radfahrens und den damit verbundenen subjektiven Glücks- und anderen Empfindungen erliegen, wie die Männer auch – oder eben auch nicht. Es fanden sich auch zahlreiche Ärzte, die das Radeln als schädlich für den weiblichen Körper und vor allem die Gebärfähigkeit bezeichneten, die das Stahlrossreiten als verwerfliche Libido-Stimulanz geißelten und dergleichen so manche Frau verunsichernde Tiraden mehr. Reformer wie Eduard Bertz, der im Jahr 1900 eine *Philosophie des Fahrrads* vorlegte, wiesen ihre Geschlechtsgenossen jedenfalls ausdrücklich darauf hin:

> »Für das weibliche Geschlecht ist der Radsport noch ungleich bedeutungsvoller als für das männliche; denn während er dem letzteren im Kampf ums Dasein nur eine neue Waffe zu seinen alten schmiedete, begann er im Dasein des ersteren eine völlige Umwälzung. Er hat die Frauenfrage ihrer Lösung näher gerückt, als es lange Jahrzehnte unermüdlicher Agitation vermocht hätten, indem er einerseits mit der Erziehung des Weibes zur Selbständigkeit im praktischen Leben Ernst machte, andrerseits durch die Macht der Tatsachen einen siegreichen Kampf gegen tief eingewurzelte, kulturfeindliche Vorurteile eröffnete. Die Tragweite des weiblichen Radsports erstreckt sich in gleichem Maße über die Hygiene, die sozialen Verhältnisse und die Ethik. Und da das weibliche Geschlecht die [...] Mütter der kommenden Generation stellt, so sind seine Interessen auch auf diesem Gebiete die Interessen des Menschengeschlechts überhaupt.«[45]

Kurz, es ging damals hoch her, und weil zum »weiblichen Radeln« nach Auffassung gewiss nicht nur von Ricarda Huch eben auch eine sinnvolle, nicht einengende Kleidung gehörte, kam es zu endlosen Debatten über den zulässigen »Sittenkodex« zumal in Modefragen.[46] Und wer sprang den Damen zur Seite – natürlich, die Marketingexperten der Zweiradindustrie. Als die Nachfrage nach Damenrädern Ende der 1890er Jahre deutlich stieg (um 1900 machten sie bereits die Hälfte der Produktion aus), avancierte das weibliche Geschlecht zum Werbeträger des Fahrrads schlechthin und wurde zur »gleichberechtigten« Zielgruppe der Verkaufsprofis, wie viele überlieferte Werbeplakate belegen.[47] Die Modeindustrie ließ sich wahrlich auch nicht lumpen – sie nährte die Durchbrechung der Kleidervorschriften mit allen Finessen hinsichtlich der Unter- wie Oberwäsche und lebte erst gut mit dem Skandal: Eine Frau in Hosen! – und profitierte dann von der steigenden Nachfrage des sogenannten »Rational Dress«, sprich einer als Rock getarnte Hose und dergleichen Bekleidungsvariationen mehr.

Die von Ricarda Huch überlieferten Begebenheiten spiegeln ein getreues Bild jener Zeit, sie decken sich jedenfalls mit denen anderer (publizistisch tätiger) bürgerlicher Frauen wie z. B. Elsbeth Meyer-Förster, die ab den 1890er Jahren ihre Lebensfreude durch das Radfahren zu steigern wussten, dabei ihre Muskelkraft stärkten und die Enge des Hauses hinter sich ließen. »Eine Lebensfreude kriegt man vom Radeln! – gar nicht wieder umzubringen! […] Was hat man aber auch jahrelang für ein Leben geführt, man hat nicht springen, laufen, jagen dürfen, man ist Dame, Fräulein, Frau gewesen, ein Ding ohne bewegliche Gliedmaßen, aufrecht gemessen und gezirkelt in einem Schlepprock verpuppt, höchstens zum Knicksen abgerichtet.«[48] Die Berliner Radpionierin, Vorsitzende des Damen-Radfahr-Clubs und streitbare Journalistin Amalie Rother erhellte 1897 über das *Damenfahren*:

»Im Grunewald sieht man manchmal mehr Fahrerinnen wie Fahrer. Und das ist ganz natürlich, denn abgesehen von dem hohen Genuss, den das Fahren an sich, die schnelle, nur dem Fliegen zu vergleichende Bewegung, der Aufenthalt in der freien Gottesnatur bieten, ist der segensreiche Einfluss des Radfahrens auf Körper und Geist der Frau ganz unverkennbar. Besonders wir Grossstädterinnen sind ja an sich schon mehr oder minder zum Stubenhocken verurteilt, mögen wir nun unsern Wirkungskreis als Hausfrau haben oder mögen wir einsam im Erwerbsleben stehen. [...] Aber wie nun ins Freie kommen? Selbst die Equipage der allerobersten Zehntausend ist nicht immer disponibel, wir equipagenlosen Frauen haben entweder stundenlange Fusswanderungen oder kostspielige, vielfach sehr unangenehme Fahrten in der überfüllten Stadtbahn, im Omnibus u. s. w. vor uns, ehe wir draussen sind. Da unterlassen wir manchmal den Ausflug lieber ganz. Wie anders steht da die Radfahrerin. Die Maschine ist stets gebrauchsfertig, in einer Viertel- oder Halbenstunde sind wir draussen. Ist die Zeit kurz zugemessen, so ist man ebenso schnell wieder zu Haus. Kein versäumter Zug, keine überfüllte Pferdebahn, kein Droschkenmangel mehr! Frei und unabhängig von allem andern kann man auf die Minute bestimmen, wann und wo man sein will. Das alles ist mehr der geistige Genuss des Radfahrens. Aber auch rein körperlich fühlen wir seine segensreiche Einwirkung. Welcher Kopfschmerz, welche Migräne vermag es, einer schönen Fahrt stand zu halten? Wie mundet uns das einfachste Mahl im bescheidenen Dorfwirtshause, wenn wir eine tüchtige Strecke hinter uns gebracht haben! Der Körper härtet sich ab, eine einigermassen in Training befindliche Fahrerin kennt keine Erkältung oder sonstige weibliche Beschwerden.«[49]

Ich glaube, damit ist alles gesagt. Oder doch nicht?[50]

Die zunächst noch auffälligen Damenradfahrerinnen mussten und wussten damit zu leben, dass es seine Zeit brauchte, bis sie keine Ausnahme, kein affiges Weibsbild »auf dem Schleifstein« mehr waren, sich die Männer nicht länger naserümpfend nach ihnen umdrehten. Und sie gaben einander zunehmend Rückendeckung, indem sie wie die vereinsmeierlichen Herren in den 1890er Jahren zahlreiche Radfahrclubs gründeten. Damen-Radfahrclubs gediehen in Dresden, Berlin, Wien und anderorts. 1892 fand in Berlin das erste offizielle Damenrennen statt, Fernfahrten und sogar eine Weltmeisterschaft (1898) folgten, bis der Sportausschuss des Deutschen Radfahrer-Bundes die weitere Austragung von Damenrennen untersagte. Man(n) will es kaum glauben, aber erst 1978 fand wieder eine Damenrundfahrt in Österreich statt, die »Tour de Styria« war weltweit die erste im 20. Jahrhundert. Olympisch wurde der Damenradsport auch erst 1984 in Los Angeles (Straßenrennen). Zugleich kam die erste »Tour de France« für Frauen auf den Sportkalender; 1988 folgte der »Giro d' Italia«.

Eines möchte ich in diesem Zusammenhang noch geraderücken. Die nach wie vor durch einige Publikationen geisternde Auffassung, das Fahrrad hätte auch im politischen Sinne die Frauen emanzipiert, ist unhaltbar. Und weil ich ein Mann bin, überlasse ich nun der Forscherin Dörte Bleckmann die Begründung, warum diese Legende in den Werkstattabfall gehört. Sie erhellt in ihrer Studie *über die Anfänge des Frauenradfahrens*, dass die Frage nach der emanzipatorischen Wirkung des Radfahrens die politische Frauenbewegung »nur sehr am Rande« tangierte: »Aus deren Kreis äußerten sich nur einzelne Frauen.« Und sie resümiert: »Das Radfahren brachte einer verhältnismäßig kleinen Zahl bürgerlicher Frauen mehr individuelle Freiheiten und damit ein Stück Emanzipation. Das Fahrrad beförderte die Emanzipation jedoch nicht in allen gesellschaftlichen Bereichen. Radfahren brachte Frauen keineswegs unmittelbar einer politischen, sozialen, rechtlichen und ökonomischen Gleichstellung näher.«[51]

Werktäglicher Stoßverkehr

Als die Menschheit den Übertritt ins 20. Jahrhundert feierte, war das Fahrrad technisch prinzipiell ausgereift. Dank der mittels Kurbel, Kette und Ritzel gewährleisteten Kraftübersetzung hatte sich die Reichweite der Radler gegenüber den Fußgehern vervierfacht, und die zunehmend verbauten Freilaufnaben mit Rücktritt – ab 1903 in Deutschland zunächst vor allem die zuverlässigen »Torpedo-Naben« von Fichtel & Sachs – erleichterten das Vorankommen und Abbremsen kolossal. Die zugleich aufkommenden Zwei- und Dreigang-Nabenschaltungen vergrößerten die Reichweite noch einmal. Da sie teuer waren, erfreute sich jedoch bis in die 1960er Jahre hinein nur eine Minderheit der Pedalierenden an dieser Technik. Die heute von vielen geschätzten Kettenschaltungen mit bis zu 27 Gängen kamen in rudimentärer Form ab 1928 auf (z. B. die italienische »Vittoria Margerita« und die französische »Champion du Monde«).[1]

Das Niederrad konnte nach dem Anspringen der industriellen Massenproduktion (und auch aufgrund ruinöser Preiskämpfe) ab dem Beginn des 20. Jahrhunderts immer preiswerter angeboten werden. Der sich im Schatten des Neuräderhandels etablierende Markt für gebrauchte Drahtesel sowie die neuartigen Ratenkauofferten erleichterten den Erwerb zunehmend.

Das im Aufschwung der fossilen Energieträgernutzung entwickelte Niederrad erlangte in England und den USA schon vor der Jahrhundertwende, auf dem europäischen Kontinent mehr oder weniger ab 1900, zunächst in den Städten und allmählich dann auch auf dem Land, den Status eines so begehrenswerten wie auch für einkommensschwächere Schichten bezahlbaren Hauptverkehrsmittels. Die industriell-kapitalistische Produktionsweise machte es möglich – einschließlich auftretender Phasen von Überproduktion, plötzlichem Preisverfall (auch durch billige US-Importräder) und den Auswüchsen des Verdrängungswettbewerbs.

Der in der Fahrradhistorie für die deutschsprachigen Lande als erster Boom des Radfahrens ausgerufene Zeitraum spannt sich bis zum Beginn des Ersten Weltkriegs. In der Tat »fuhr« sich das damals von der Presse und von zahlreichen Intellektuellen als zukunftsträchtiges Vehikel eingeschätzte Nieder- bzw. Sicherheitsrad nachgerade ins Bewusstsein zunächst vor allem der städtischen Bevölkerung. »Über jedem Zweifel«, beglaubigte Eduard Bertz im Jahr 1900, »steht der Wert des Fahrrads als eines zeitersparenden Beförderungsmittels. Die Eisenbahn war ihm vorausgegangen und hatte ihm Bahn gebrochen; aber sie selbst genügte den wechselnden Ansprüchen des modernen Verkehrs nicht mehr, weil sie auf bestimmte Wege wie auf bestimmte Stunden und bestimmte Stationen beschränkt ist; sie gehört nur der Masse, die sich ihr unterordnen, anpassen und ihre Bewegungen nach der Schablone des offiziellen Fahrplans regeln muß«. Und Bertz betont:

> »Das Rad aber untersteht keinem Fahrplan, es ist frei. Nicht folgt es dem allgemeinen Geleise, sondern auf tausend selbstgewählten Pfaden schweift es dahin. Zu jeder Stunde, nach allen Himmelsrichtungen führt es seinen Reiter. Es dient ganz und gar dem individuellen Bedürfnis; es trägt der unendlichen Vielfältigkeit des menschlichen Wollens und Strebens Rechnung. [...] Gute, bequeme Leute, deren heftigste Leidenschaft die Ruhe ist, meinen wohl, es habe sich besser leben lassen in jenen gemütlichen Tagen, als man [...] die atemlose Hetzjagd des modernen Großstadtlebens nicht kannte. [...] Gewiß ist viel Wahres und Berechtigtes in ihrer Auflehnung gegen den bis zum Äußersten gesteigerten Kraftaufwand der modernen Menschen, die so schnell leben, als ob es ein Wettrennen gäbe bis zum Ziele, an dem man erschöpft zusammenbricht. Aber das Rad wenigstens sollten

Radsport Südost, 1949. Fotografie von Roger und Renate Rössing

sie nicht schmähen [...]; gerade im Erwerbsleben erschwert es nicht, sondern erleichtert es dadurch, daß es Zeit und Kraft spart, den heißen Kampf; recht als ein Freund und Mitstreiter kam es den Überhasteten zu Hilfe.«[2]

Allerdings blieb es für die in der von heftigen Klassengegensätzen geprägten Gesellschaft mit kargen Einkommen »abgespeiste« Bevölkerungsmehrheit bestenfalls ein Traum. Sie musste sich mit dem gern in Geschwindigkeit bemessenen Fortschrittsgedanken bei emotional erlebbaren Radsportveranstaltungen bescheiden – Rennbahnen entstanden seit den 1880er Jahren in vielen größeren Städten, und die Veranstalter entfachten ein ähnlich großes Publikumsinteresse wie ab den 1960er Jahren der Fußball. Das moderne Niederrad mit Luftreifen galt bis zum Aufkommen schneller Autorennfahrzeuge als konkurrenzloses Hochgeschwindigkeitsfahrzeug. Freilich nur einige Jahre lang –

schon 1900 lag der Geschwindigkeitsrekord für Kraftwagen über 100 km/h. Bezeichnend vielleicht auch, dass sich damals ausgerechnet Steherrennen, die hinter motorisierten Schrittmachermaschinen ausgetragen wurden, als Zuschauermagnet erwiesen.[3]

Um erhellen zu können, unter welchen kulturellen und verkehrstechnischen Bedingungen das Fahrrad als individuelles Fortbewegungsmittel zu Beginn des 20. Jahrhunderts in den Städten auf den noch ziemlich holprigen Straßen im wachsenden Maße das Geschehen mitprägte, werde ich nun einen kurzen, quasi vom Velo gelösten Rückblick einflechten. Nicht das Zweirad, sondern die Eisenbahn erschloss im 19. Jahrhundert den Raum und im Zusammenspiel mit den pferdekraftabhängigen und teils auch motorisierten Nahverkehrsmitteln sowie der Binnen- und Dampfschifffahrt schließlich die Weltmärkte, was wiederum die Produktivkraftsteigerung befeuerte. Die Eisenbahn schuf neue Städtehierarchien, Bahnknotenpunkte und Industriezentren in Agglomerationen, die zuvor geografisch eher ungünstig gelegen hatten, wie etwa Berlin. Nicht zuletzt erleichterte sie im letzten Drittel des 19. Jahrhunderts die Trennung von Wohnung und Arbeitsstätte und schuf den modernen Pendler (der dafür mit Freizeit und in harter Währung bezahlte).[4]

Die Bahn forcierte das Tempo enorm und stellte die Tagesstreckenleistungen von Pferd und Wagen, Kanalschiff und auch dem Dampfschiff bei Weitem in den Schatten. Die von Laufmaschinen und dann Fahrrädern nicht minder. Die Reisezeit von Dresden nach Leipzig etwa verringerte sich bereits 1838 von 21 auf drei Stunden, die von Köln nach Berlin ab 1852 von einer Woche auf 14 Stunden. Der historisch unglaublich rasch vollzogene Ausbau des Eisenbahnsystems befeuerte nicht zuletzt den schienenungebunden Personen- und Güterverkehr. Mit jeder neuen Bahnlinie stieg der Bedarf an lokalen Zubringer- und Verteildiensten an – mit festen Fahrplänen und gegliederten Tarifen operierenden Kutschen-, Pferdebahn- und Frachtfuhrwerks-diensten. Zugleich wurden die Straßennetze erweitert sowie störende Gradienten durch Einschnitte, Brückenbauten und Dämme beseitigt.

Und noch etwas ermöglichte das dampfende mechanische Zugpferd: »Wenn man das Fahrrad als Industrieprodukt be-trachtet, dann ist der Zusammenhang mit der Eisenbahnent-wicklung offensichtlich«, vermerkt der Historiker Volker Briese. »Die Aussteller und Besucher der ersten deutschen Fahrradaus-stellung in Leipzig 1889 kamen mit der Eisenbahn. Die Eisen-bahn ermöglichte Verbandsgründungen und Verbandstreffen. Die Eisenbahn war auch wichtige Voraussetzung für den Renn-sport als Massenpublikumssport. Radrennfahrer, die als Her-ren- oder Berufsfahrer an verschiedenen Rennen im In- und Ausland teilnahmen, reisten mit der Eisenbahn an.«[5] Sie ermög-lichte zumal die Gründung moderner Fahrradfabriken (nicht nur) im Deutschen Kaiserreich, denn sie garantierte die für die industrielle Produktion notwendige Arbeitsteilung. Die metal-lenen Rohteile wurden überwiegend im Rheinland und in Westfalen hergestellt, während die Endmontage sich dort an-siedelte, wo billige Arbeitskräfte verfügbar waren: in Nürnberg, Frankfurt a. M., Chemnitz, Bielefeld usw.

Viele der im Zuge des Bevölkerungswachstums auf eine Be-schäftigung in der wachsenden Industrie hoffenden Angehöri-gen der Landbevölkerung zog es in der zweiten Hälfte des 19. Jahrhunderts in oder in die Nähe der neuen Industriezentren, wo sie nach Unterkunft suchten (oder sie wanderten aus). Die dadurch zu einem rasanten und für die Bauwirtschaft höchst profitablen Wachstum verurteilten Städte machten zunehmend das Umland zum Einzugsbereich. Eine Stadt nach der anderen verlor dabei ihre fußgängerfreundliche mittelalterliche Prägung sowie ihre herkömmliche räumliche Übersichtlichkeit und Ge-schlossenheit. Im Zuge der von Zügen beschleunigten und ge-triebenen Industrialisierung entstanden rasterförmig angelegte

Mietskasernen- und spezielle Eisenbahner-Viertel, wurden die Wege zur Arbeit für die Menschen immer länger und zunehmend kostenpflichtig. Die Städte platzten förmlich aus den Nähten. Berlin etwa wuchs zwischen 1800 und 1900 von 172 000 auf 1,9 Millionen Einwohner an.

Den überwiegend nach den napoleonischen Kriegen geschleiften Stadtbefestigungen folgten die Aufhebung der Torsperren, Zollkontrollen und vor allem der städtischen Zunftprivilegien. Die Gewerbefreiheit wurde ebenso durchgesetzt wie dem Wachstum förderliche Baurechtsverordnungen und Eingemeindungen. Die neu gebauten Bahnhöfe, Schlachthöfe, Gasanstalten, Fabriken usw. benötigten Platz. Die zuziehenden Familien konnten nur in den gleichsam explodierenden Vororten untergebracht werden. Während um 1870 zum Beispiel die Berliner noch innerhalb einer Stunde zu jedem Anlaufziel innerhalb der Metropole kamen, hatte zwanzig Jahre später das Bevölkerungs- und Wirtschaftswachstum diesen menschenfreundlichen Zustand beendet. 1890 umfasste der Berliner Stadtdurchmesser bereits 15 km. Mehr als 50 000 Arbeiterinnen und Arbeiter benötigten morgens und abends mehr als eine Stunde, um zum Arbeitsplatz und wieder zurück in ihre beengten Behausungen zu kommen. Überwiegend zu Fuß; die Facharbeiter aber zunehmend auch pedalierend. Kaum zufällig erschien schon 1897 der farbige *Neue Radfahrer-Plan von Berlin* des Unternehmers Julius Straube – auf ihm markierten grün hervorgehobene Strecken Holz- und Asphalt, gelbe mit Stein gepflasterte und weiße schlecht befahrbare. Und dann gab es da noch die roten Linien; sie kennzeichneten die für Zweiräder verbotenen Bereiche – Unter den Linden, Friedrichstraße, Spittelmarkt, Alexander- und Schlossplatz.[6]

Die Transformation der Städte und Ballungszentren mit ihren neuen Industrie-, Verwaltungs-, Konsum- und Wohnbezirken in Brutstätten des Massennahverkehrs erzwang und verfestigte den Ausbau der Droschkendienste, der Pferdebahn und

-omnibusnetze sowie schließlich der Untergrund- und Hochbahnen, längst bevor die Fahrräder vermehrt in den Verkehr kamen. Doppeldecker-Pferdebusse fuhren um 1840 in Dresden, in Berlin ab 1847; die Pferdestraßenbahn ab 1865 in Berlin und bald darauf in vielen anderen Städten. Als erste U-Bahnanlage der Welt wurde 1863 die Londoner Metropolitan-Eisenbahn in Dienst gestellt. Berlin entschied sich 1874 für den Bau einer Hochbahn; 1902 wurde dort die erste deutsche U-Bahnlinie eröffnet.

Über das Berlin der Jahrhundertwende gibt es – wie über weitere schon damals am Verkehr schier erstickende europäische Metropolen – zahlreiche Berichte über das kaum aushaltbare »Großstadtgetriebe«, zunehmenden Stress, steigende Nervosität und »äußere Unruhe«. Dazu trugen ab Beginn der 1880er Jahre auch die elektrisch angetriebenen Straßenbahnen bei. Radfahrerinnen und Radfahrer belebten in größerer Zahl nun zu genau dem historischen Zeitpunkt das städtische Verkehrsgeschehen, als sich schon ein weiteres individuell nutzbares mechanisches Fortbewegungsmittel »warmlief«. Es trat wie auch das Niederrad mit dem Versprechen an, die bis dahin vom Volk fast nur zu Fuß oder von den Wohlhabenden mit Pferd und Wagen erlebte individuelle Mobilität um eine gewaltige Dimension zu erweitern, und hielt bekanntlich auch Wort: das Kraftfahrzeug.

Für die Angehörigen der besseren Kreise war das Fahrrad, als Ende des 19. Jahrhunderts auch weibliche wie männliche Mitglieder des noch tonangebenden Adels dem Radsport »zu huldigen« begannen – in Oldenburg die Erbgroßherzogin Elisabeth und ihr Gatte Friedrich August –, ein wohl teils noch skeptisch beurteiltes, tendenziell jedoch gern für Freizeitzwecke genutztes Gerät.[7] Über Freizeit verfügten die Herrschaften jedenfalls entschieden mehr als das Proletariat und Kleinbürgertum. (Die Arbeitszeiten waren auch im 20. Jahrhundert noch lange sehr lang, und der Sonntag insbesondere für die arbeitenden Frauen nur ein bedingt freier Tag, weil dann der Hausputz, die Wäsche usw. zu bewältigen war.) Während das Fahrrad trotz stetig fallender Preise und der zugleich größer werdenden Modellvielfalt für die einkommensschwachen Bevölkerungskreise bis in die 1920er Jahre hinein ein Luxusartikel blieb, setzten die Wohlhabenden gegen Ende des ersten Jahrzehnts, als die Automobile eine niedrigere Schwerpunktlage und die aus den Fotografien jener Zeit bekannte einstiegsfreundliche Bequemlichkeit aufwiesen, statt auf Pferd und Wagen auf das tolle neue Statussymbol Automobil. Einschließlich Chauffeur, versteht sich, denn mechanische Künste waren beim Betrieb der Motorwagen durchaus noch erforderlich. Die Angehörigen der wachsenden städtischen Mittelschicht – Händler, höhere Angestellte, Pastoren, Beamte und Facharbeiter wiederum sattelten das Stahlross oder – wenn irgend möglich – das Motorrad.

Apropos Zweiräder mit (Hilfs-)Motor: Ein Fahrrad mit Dampfmaschinenantrieb, die »Perreaux Michauline«, erblickte bereits 1867 das Tageslicht, ihr folgten 1885 das dampfgetriebene »American Ordinary« Hochrad, 1888 das Elektrodreirad von Starley und 1889 das dampfgetriebene Niederrad der deutschen Firma Hildebrand & Wolfmüller. Über das Versuchsstadium kamen diese Vehikel jedoch nicht hinaus.

Das Kraftrad in allen Varianten erlebte seinen Aufstieg, als die Benzinmotoren klein und leicht genug waren. Hildebrand & Wolfmüller testete wohl als erstes Unternehmen ab 1892 einen Zweitakt-Benzinmotor und ab 1893 einen Viertaktmotor für diese Zwecke. Die Firma ließ sich auch den von ihr erfundenen Namen *Motorrad* schützen, musste aber bald darauf die Produktion einstellen, weil andernorts bessere Motoren verwandt wurden.[8] In deutschen Landen kam der Motorradbau nachhaltig ab der Jahrhundertwende in Takt, als hiesige Fahrradwerke aufgrund des steigenden Imports »billiger« US-Räder nach Ausweichproduktionen suchten. Das erste Motorrad der Chemnitzer Wanderer-Fahrradwerke (»Deutschlands beste Marke!«) mit einem 1,5 PS-Motor kam 1902 in den Handel. Weitere bis zu 5 PS starke Modelle folgten ab 1904. Der Einbau gefederter Vordergabeln begann ab 1905, die zusätzliche Hinterradfederung ab 1910.[9] Wohlgemerkt: Deutschland war bis 1958 kein Auto-, sondern ein Zweiradland. Die Krafträder übertrafen den Bestand von Automobilen erstmals zwischen 1907 und 1909, und dann erneut von 1926 bis 1958. Um 1932 gab es in der extrem von der Weltwirtschaftskrise gebeutelten Weimarer Republik knapp 820 000 Motorräder und um die 15 Millionen Fahrräder (gegenüber gut 486 000 Pkw).[10]

In der Fahrradpublizistik spielt der Mitbegründer der wissenschaftlich-utopischen Literatur, der Brite H. G. Wells (1866–1946), eine gewisse Rolle.[11] Zum einen, weil er selber gern das »flinkeste Ding auf den Straßen« fuhr und es in seinen Werken kein Fremdkörper blieb; seine Fahrrad-Romanze *The Wheels of Chance* (1896) wartet freilich noch auf eine Übertragung ins Deutsche. Zum anderen, weil sich in seinem Roman *A Modern Utopia* (1905) die Zeile »Cycle tracks will be abound in Utopia« (Fahrradwege wird es in Utopia im Überfluss geben) findet, die vielversprechend klingt. Wäre sie nicht aus dem Kontext gerissen, muss ich hinzufügen.[12] Den Zukunftsentwurf, den Wells 1905 in seinem am besten *Ein Modernes Utopia* auf Deutsch zu betitelnden Werk hinsichtlich des Verkehrs entwirft, möchte ich schon deshalb nicht schuldig bleiben, weil das Fahrrad in ihm mitfährt:

»Bewegungsfreiheit in einem Utopia, das unter modernen Bedingungen geplant wird, muss etwas mehr involvieren als uneingeschränkte Fußwanderungen, und das Vorhaben eines Weltstaates, in dem eine allgemeine Sprache gesprochen wird, ist notwendig verknüpft mit der Vorstellung einer Weltbevölkerung, die in einem Ausmaß weitgereist ist und reist, das über alles hinausgeht, was unsere heimatliche Erde bislang gesehen hat. Es gehört mittlerweile zu unserer irdi-

Zukunfts-Straßenbild. Illustration aus den *Fliegenden Blättern* Nr. 104, 1896

schen Erfahrung, dass immer, wenn politische oder ökonomische Entwicklungen einer Klasse die Freiheit zu reisen verschaffen, diese Klasse sofort zu reisen beginnt; in England wird es beispielsweise schwierig sein, oberhalb eines Jahreseinkommens von fünf- oder sechshundert Pfund jemanden zu finden, der nicht gewohnheitsmäßig herumreist und nicht schon häufig, wie die Leute sagen, ›im Ausland‹ war. Im Modernen Utopia muss das Reisen der allgemeinen Struktur des Lebens innewohnen. […] Überall, außer in entlegenen und verlassenen Gegenden, wird es bequeme Gasthöfe geben, zum mindesten so bequem und vertrauenswürdig wie jene der heutigen Schweiz; die Fremdenverkehrsvereine und Hotelverbände, die jenes Land und Frankreich so wirkungsvoll mit Tarifen versehen haben, werden ihre feinen utopischen Entsprechungen gefunden haben, und die ganze Welt wird an das Kommen und Gehen von Fremden gewöhnt sein. Der größere Teil der Welt wird ebenso sicher und preisgünstig und jedermann leicht zugänglich sein, wie es Zermatt oder Luzern für einen Westeuropäer der Mittelschicht schon in der Gegenwart sind. […]

Zweifellos wird der Utopier auf viele Arten reisen. Es ist unwahrscheinlich, dass es in Utopia irgendwelche Qualm ausspeienden Dampfeisenbahnzüge geben wird, sie sind auf der Erde bereits zum Untergang verurteilt, […] ein dünnes Spinnennetz aus unauffälligen besonderen Strecken wird das Land der Erde bedecken, die Bergmassive durchstechen und die Meere untertunneln. Dabei mag es sich um Doppel- oder Einschienenbahnen oder sonst etwas handeln – wir sind keine Ingenieure, die über solche Erfindungen urteilen könnten –, doch mit ihrer Hilfe wird der Utopier von einem wichtigen Punkt zu einem anderen mit einer Geschwindigkeit von zwei- oder dreihundert Meilen pro Stunde über die Erde reisen. Das wird die größeren Entfernungen abschaffen […]; zahlreiche mindere Systeme führen zu ihnen hin und sind von ihnen abgeleitet, saubere kleine elektrische Straßenbahnen, so male ich es mir aus, werden sich in feineren Netzwerken über das Land breiten, nah und dicht in den urbanen Regionen, dünner werdend in dem Maß, wie die Bevölkerungsdichte abnimmt. Und neben diesen leichteren Zügen und über deren Reichweite hinaus werden die ruhigen kleineren Straßen verlaufen [...], auf denen unabhängige Fahrzeuge, Pkw, Motorräder und was nicht noch alles verkehren werden. Ich bezweifle, dass wir auf dieser feinen, ruhigen, sauberen Straße Pferde sehen werden [...]; die Last des geringeren, wenn nicht des gesamten Verkehrs wird gewiss mechanisch getragen werden. Was wir zu sehen bekommen werden, selbst solange die Straße noch abgelegen ist, sind schnelle und stattliche Pkw, die uns überholen, Motorräder, und in diesen angenehmen Bergzonen werden auch Fußgänger unterwegs sein. Fahrradwege wird es in Utopia im Überfluss geben; manchmal verlaufen sie neben den großen Straßen, doch häufiger verfolgen sie ihre eigene angenehmere Linie inmitten von Wäldern und Feldern und Weiden; und es wird eine reichhaltige Vielfalt von Wanderwegen und kleineren Pfaden geben. In Utopia wird es viele Bürgersteige geben. [...] Und so werden die glücklichen Utopier im Urlaub, auf Straßen und Wegen, an Land wie auf See, jeden Erdenwinkel bereisen. Die Bevölkerung von Utopia wird in einem Maße umherziehen, wie es in der Geschichte der Erde ohne Vorbild ist, nicht einfach eine reisende Bevölkerung, sondern eine umherziehende. [...] Nur die Schwerfälligkeit der Verkehrsverbindungen schränkt uns da heute noch ein, und jede Erleichterung der Fortbewegungsfähigkeit wird nicht nur unser Potential ausweiten, sondern auch unsere gewohnheitsmäßige Reichweite. [...]. Die Menschen in unserem Modernen Utopia werden um der Liebe und der Familie willen wohl irgendwann sesshaft werden, doch zuerst, und zwar reichlich, werden sie etwas von der Welt sehen.«[13]

Das Moderne Utopia ist inzwischen Realität – beim Radeln ist die Begegnung mit unabhängigen »schnellen und stattlichen Pkw« wie auch mit der touristisch hergerichteten Natur das Normalste der Welt, und die Reisefreudigkeit kennt in unseren Tagen ohnehin keine Grenzen. Was ich mit H. G. Wells' Worten zum Ausdruck bringen möchte, liegt gleichsam im Fahrradkorb: Als ab 1900 das durch die industrielle Massenproduktion immer erschwinglichere Zweirad von immer mehr Menschen zu sportlichen wie reinen Transportzwecken »gesattelt« wurde, stand für wache Beobachter längst fest, dass es im Zuge der gesamten Verkehrsmittelentwicklung zwar eine geschätzte Funktion behalten, aber den motorisierten Landverkehr in all seinen Varianten gewiss nicht ersetzen würde.

Was beim Losknattern der ersten Automobile passierte, lässt sich am Beispiel der Entwicklung in Europas Metropolen gut nachvollziehen. In Wien zum Beispiel, das im ersten Drittel des 20. Jahrhunderts durchschnittlich 1,8 Millionen Einwohner versammelte, bot sich ab den 1890er Jahren die Chance, das im fließenden innerstädtischen Verkehr nur wenig Platz beanspruchende, umweltfreundliche Radeln gezielt zu fördern. Immerhin waren 1896 bereits 12 500 Fahrraderlaubnisscheine ausgestellt worden, zudem forderten die Radfahrclubs von der Stadtverwaltung vernehmlich die Anlage von »Fahrrad-Trottoiren« und »Fahrradbanketts«. Das geschah aber nur sehr bedingt, die Planer richteten ihr Augenmerk vor allem auf den platzgreifenden Kraftwagenverkehr und den Ausbau der Straßen- und Schnellbahnnetze. Obwohl im (bis 1934) sozialdemokratisch regierten Wien die Zahl der Radfahrer ab den 1920er Jahren erheblich stieg, und die Arbeiter und kleinen Angestellten, die nun massenhaft mit dem Rad zur Arbeit fuhren, mittels ihrer Verbände auf den Ausbau der Fahrradinfrastruktur drängten, weil sie im »rauschenden« Straßenverkehr zunehmend um ihr Leben fürchten mussten, zeigte sich die Politik ignorant.[14] Sándor Békési resümiert: »Ein Personenkilometer im Auto oder in

Bus und Bahn kostet die Kommunen das Zehn- bis Zwanzigfache. Die Tatsache, dass der Radverkehr trotz dieser Vorteile [...] von der öffentlichen Hand kaum bis gar nicht gefördert wurde, ist eine der unrühmlichen Besonderheiten der Wiener Verkehrsgeschichte und Stadtplanung.«[15] Erst ab 1983 schob der Wiener Gemeinderat in Reaktion auf die drängenden Forderungen der Umweltschutzbewegung mit einem Radwegekonzept den Ausbau der Infrastruktur an – einschließlich von Fahrradabstellanlagen und Leihradstationen (Citybike). Das Wiener Straßennetz umfasste 2011 rund 2800 km, das Radroutennetz 1200 km. Es gibt nach wie vor allerdings »nur wenige Radwege!«, beklagt die Radlobby.[16]

Die beispielhaft für Wien geschilderten Realitäten treffen im Kern auch für die in deutschen Großstädten gepflegte politische Behandlung des Fahrradverkehrs zu. Obwohl die Zahl der radelnden Bewohner – zum Arbeitsplatz, zur Schule, zum Einkaufen – insbesondere zwischen 1920 und 1955 stark zunahm, blieb der Fahrradwegebau in vielen urbanisierten wie auch ländlichen Zonen ein Stiefkind der auf den motorisierten Verkehr fixierten Planer und Behörden. In der sich gut 40 km entlang der Weser hinziehenden Großstadt Bremen kam 1929 zwar auf jeden sechsten Bewohner ein Rad, die Länge der Fahrradwege betrug jedoch nur rund 36 km.[17] Erst ab 1933 wurde dem Radwegebau mehr Beachtung geschenkt – ich komme darauf zurück.

1914, als mit dem Krieg die erste industrielle menschliche Massenvernichtung begann, befuhren gut 70 000 Kraftfahrzeuge die Straßen des deutschen Kaiserreichs. Und wie viele der rund 68 Millionen Einwohner fuhren Fahrrad? Grundsätzlich sind tragfähige Einschätzungen der hierzulande tatsächlich über ein Rad verfügenden Männer und Frauen schon deshalb schwierig, weil damals keine reichsweiten Erhebungen bzw. Umfragen erfolgten. Annahmen können nur aus überlieferten regionalen Statistiken sowie aus den Unterlagen der Fahrradbranche, der Clubs und Vereine gebildet werden.[18] Der Forscherin Dörte

Bleckmann zufolge lag im Jahr 1900 der Anteil der radelnden Männer und Frauen an der Gesamtbevölkerung von 57 Mio. bei weniger als 2 % – selbst wenn es womöglich 3 % bzw. gut 1,7 Millionen Räder waren, kann von einer massenhaften Verbreitung ernstlich keine Rede sein.[19] Um 1914 dürfte die Zahl der Fahrräder auf den deutschen Straßen jedoch die 4-Millionen-Marke mehr oder weniger deutlich überschritten bzw. wohl mindestens 5 % der Bevölkerung ein Stahlross zur Verfügung gehabt haben. In den größeren Städten saßen bis zu 10 % der Einwohner täglich oder zumindest am Sonntag im Sattel. Die Facharbeiter profitierten zu jener Zeit von den auf ein Drittel guter Monatslöhne gefallenen Preisen schlicht ausgestatteter Räder und ihnen im steigenden Maße eingeräumter Ratenkaufmöglichkeiten. Vor allem wurde das Fahrrad zunehmend von Unternehmen und Behörden den Mitarbeitern und Bediensteten zur Verfügung gestellt – von Bäckereien und dem Einzelhandel, von der Post, Polizei und Feuerwehr. Die Bremer Polizeidirektion beispielsweise unterstützte das Radfahren ihrer Mitarbeiter, stellte Übungsfahrräder bereit und offerierte ab 1902 allen Schutzmännern einen Fahrunterricht. Die Reichspost hatte 1909 landesweit immerhin schon mehr als 5000 pedalierende Briefzusteller in Diensten.

Die sich im späten 19. Jahrhundert entfaltende Fahrradkultur bildete von Beginn an ein gleichsam als Speerspitze fungierendes Vereinsleben heraus. Ungewöhnlich war das schon deshalb nicht, weil das gesamte gesellschaftliche Leben von Vereinen in Trab gehalten wurde – von Arbeiter- bis hin zu Turn-, Radsport-, Wander- und auch paramilitärischen Vereinen. Die Clubs gaben eigene Zeitschriften heraus, stellten Landkarten zur Verfügung, organisierten Ausflüge und Fahrradausstellungen, hielten den Draht zur sich entwickelnden Fahrradindustrie, kämpften gegen Fahrradsteuern, versicherten ihre Mitglieder gegen Unfallkosten und lobbyierten zum Teil – und erfolgreich – für die Anschaffung von Fahrrädern durch das Militär.

Ich werde diese Thematik nur kurz skizzieren, weil sie von anderen bereits ausführlich geschildert worden ist.[20]

1884 wurde – unter ziemlichen Schwierigkeiten – der erste Dachverband aus der Taufe gehoben: der *Deutsche Radfahrer-Bund*. Er gehörte bald darauf der *International Cyclists' Association* an und unterhielt offizielle Vertretungen in Belgien, Frankreich, Holland, Rumänien, Russland und der Schweiz.[21] 1886 konstituierte sich ein zweiter Dachverband, die *Allgemeine Radfahrer-Union*. Sie wurde in Deutschland, Österreich und der Schweiz aktiv und hatte als vornehmstes Ziel die Pflege des Tourenfahrens. Sie schuf durch Kontakte zu ausländischen Radfahrvereinen viele Erleichterungen für die Mitglieder. Der heute noch aktive Radfahrer-Bund wiederum profilierte sich durch die Forderung nach Vereinheitlichung der Verkehrsordnungen.[22] Die war in der Tat auch zwingend geboten: Um die Jahrhundertwende existierten in den Regionen des Deutschen Reichs mindestens hundert verschiedene Fahrradordnungen, die je spezifisch das Fahrverhalten bzw. die Verbote regelten, Ausrüstungsteile wie etwa Bremsen, Glocken und Beleuchtung vorschrieben usw. Für Radwanderer, die schon früh ausgedehntere Touren unternahmen, war es eine – strafbewehrte – Zumutung, beim Queren der vielen Verwaltungsgrenzen jeweils genau zu wissen, was andernorts statthaft war und was nicht. Dem Radfahrer-Bund blieb gar nichts anderes übrig, als seine Rechtsschutz-Kommission damit zu beauftragen, die Einführung einer »Einheitlichen Radfahr-Ordnung« mit »allen zulässigen Mitteln zu erstreben«.[23]

Während die bessergestellten Arbeiter, die stolze Besitzer eines für ihre Verhältnisse luxuriösen Fahrrads geworden waren – nicht zuletzt, um günstigere Unterkünfte in den Vorstädten zu nutzen, wo auch der sonntägliche Weg in die Natur nicht weit war –, zunächst auch bei den bürgerlichen Radsportvereinen Anschluss suchten, gründeten die politisch bewussteren schon in den 1890 Jahren Arbeiter-Radfahrvereine (die diskriminierenden Sozialistengesetze waren 1890 aufgehoben worden). Zwar scheiterten die Versuche, eine Mitgliedschaft in der SPD oder Gewerkschaft zur zwingenden Voraussetzung der Mitgliedschaft zu machen, weil das die Vereinsgesetzgebung nicht zuließ, aber die politische Agitation gehörte in den Vereinen der »Roten Radler« bald zum Tagesgeschäft. Übrigens konnte nur Mitglied bei einem Arbeiter-Radfahrverein werden, wer auch ein Fahrrad besaß. Der weibliche Anteil war gering, da Frauen meist nicht über die nötigen Mittel verfügten, um sich ein Fahrrad anzuschaffen, und in der durchschnittlichen Arbeiterfamilie hatte der Mann noch länger den Vortritt auch beim Radfahren. Insbesondere der 1896 gegründete Dachverband, der *Arbeiter-Radfahr-Bund Solidarität*, erhielt großen Zulauf – 1914 zählte er über 150 000 Bundesgenossen, ab 1922 über 280 000. Die Solidarität war bis zu ihrem Verbot durch die NS-Schergen im Jahr 1933 die größte Radler-Organisation der Welt.[24]

Den spektakulären und gefährlichen Rennsport lehnten die Arbeiter-Radler lange ab, sie präferierten Touren- und Wanderfahrten, Kunst- und Reigenfahrten (im Saal) sowie Radball und Radpolo. Die Mitglieder der Solidarität pflegten den politischen Diskurs auch bei den beliebten Wanderfahrten, bei denen sie nach Möglichkeit die sogenannten Bundeseinkehrstellen von sozialdemokratischen Wirten aufsuchten. Diese Unterkünfte waren nicht nur preiswert, sie boten den Bundesmitgliedern auch günstige Mahlzeiten und Getränke an, stellten Landkarten, Luftpumpen und Reparaturmaterial zur Verfügung. Das Verbandsorgan *Der Arbeiter-Radfahrer* lag auch immer griffbereit.[25]

Die Lobbyarbeit des bürgerlichen Deutschen Radfahrer-Bunds stieß im Kaiserreich auf durchaus offene Ohren. Die akademisch ausgewiesenen und sachkundigen Persönlichkeiten der Vorstandsebene und Kommissionen berieten die Landesregierungen, machten Gesetzgebungsvorschläge und mahnten generell eine Verbesserung der beklagenswerten Zustände an.

Und tatsächlich: im Jahr 1907 erließ der Deutsche Bundesrat in Berlin endlich eine Verkehrsordnung, die alle bundesstaatlichen Sonderregelungen aufhob und die Abschaffung der bis dahin üblichen Fahrradnummernschilder nach sich zog. Dennoch, die technische und kulturelle Vorreiterfunktion des Fahrrads hatte zu jenem Zeitpunkt ihren Zenit überschritten. Zum einen begann 1907 zugleich die statistische Erfassung nicht der Fahrräder, sondern der Kraftfahrzeuge (es gab rund 15 000 Krafträder und 10 000 Pkw), zum anderen folgte auf Drängen der Automobil-Clubs am 3.5.1909 das *Gesetz über den Verkehr mit Kraftfahrzeugen*, mit dem das Reich fortan die generelle Gesetzgebungskompetenz im Verkehrsrecht ausübte. Das Gesetz enthielt nicht zuletzt einzelne Verhaltensvorschriften für Fußgänger und Radfahrer im Straßenverkehr, die ein historisch absolut neues, bis heute fortgeschriebenes Unterordnungssystem festschrieben:

»Bei Überschreiten des Fahrdamms muß der Fußgänger nahende Fuhrwerke Rücksicht nehmen und Umschau halten. Wer kurz vor einem Kraftfahrzeug noch vorbeizulaufen versucht, handelt in der Regel grob fahrlässig; auch dann, wenn das Fahrzeug noch so weit entfernt war, daß er ohne Zwischenfall voraussichtlich noch mit knapper Not vorbeigekommen sein würde; die Straße kann schlüpfrig sein, im eiligen Laufen kann man stolpern und fallen, und man kann in den Straßenbahnschienen hängen bleiben [...] Besondere Vorsicht ist geboten, wenn jemand hinter einem Hindernisse, etwa hinter einem Möbelwagen oder sonstigen großen Lastwagen, einem haltenden Straßenbahnwagen oder Omnibus den Teil der Fahrbahn betritt, nach welchem ihm bis dahin der freie Ausblick versperrt war [...]. Dieselbe Vorsicht ist für einen Radfahrer geboten, der hinter einem die Aussicht versperrenden Wagen plötzlich links herausfährt.«[26]

Eine Benutzungspflicht für Radwege wurde übrigens erst 1937 in die Straßenverkehrsordnung übernommen. Nicht nur hierzulande sind Fußgeher und Radfahrer seitdem Verkehrsteilnehmer, die dem motorisierten Verkehr die Vorfahrt gewähren müssen.

Die neue Welt individuell betreibbarer »Stinker« hatte eine Schattenseite, die bei der Erarbeitung des Gesetzes als entschieden regelungsbedürftig betrachtet wurde. Konkret: »Wird bei dem Betrieb eines Kraftfahrzeuges ein Mensch getötet, der Körper oder die Gesundheit eines Menschen verletzt oder eine Sache beschädigt, so ist der Halter des Fahrzeuges verpflichtet, dem Verletzten den daraus entstehenden Schaden zu ersetzen.« – Jedenfalls relativ, denn die Haftung bei der Tötung oder Verletzung eines Menschen wurde auf einen Kapitalbetrag von 50 000 Mark, bei der von mehreren auf das Dreifache und im Falle von Sachbeschädigung auf 10 000 Mark festgesetzt.[27]

In der deutschen Literaturgeschichte gibt es mit Rudolf Ditzen (1893–1947) einen Autor, der unter dem Pseudonym Hans Fallada in den 1930er Jahren große Erfolge feierte. Der Gymnasiast war im Frühjahr 1909 mit seinen Eltern nach Leipzig übergesiedelt, wo sein Vater Wilhelm an das Reichsgericht berufen worden war. Dieser erfüllte ihm nach dem Umzug auch den Wunsch nach einem Fahrrad, kaufte ihm ein neues Brennabor-Rad mit viel Chrom, Torpedo-Nabe und Rücktritt. Mit diesem Rad fuhr der junge Ditzen am 17. April 1909 in der Früh heimlich los zu seinem Onkel in der Vorstadt – sie rauchten eine Zigarette und Rudolf machte sich, nachdem er sich vom dem Schock des erstmaligen Rauchens halbwegs erholt hatte, wieder auf den Heimweg. Und was passierte dann?

»Diesmal fahre ich nicht durch das Gehölz, sondern durch manchmal recht langweilige Vorstadtstraßen, mit rütteln-dem Kopfsteinpflaster. Schließlich tauchen weit gestreckte Baulichkeiten zu meiner Rechten auf [...]. Die Straßen sind hier fast leer, es sind glatte Asphaltstraßen. Der Rausch der Schnelligkeit, die Freude über das schöne flinke Rad bezaubern mich immer mehr, in kurzem Bogen, ganz schräg liegend, sause ich um die Ecke und sehe direkt vor mir einen Fleischerwagen, dessen beide Braune auf mich zu galoppieren! Ob ich noch versucht habe zu bremsen, weiß ich nicht mehr. Ich weiß überhaupt lange gar nichts mehr. Ich sehe nur noch zwei braune Pferdebrüste, die hoch, hoch sich über mir erheben, und lange Pferdebeine, mit blinkenden Hufeisen, und die Beine werden auf mich zu immer länger, immer länger ...«[28]

Fahrradfahrer wie der Schüler Ditzen stießen bis zu Beginn der 1920er Jahre in den Städten weniger auf Autos, als vielmehr auf eine nach wie vor steigende Zahl von Fuhrwerken sowie vielerorts auf Straßenbahnen. Die Häufung von Unfällen war die traurige Folge – aus Sicht der Polizei hauptsächlich aufgrund »unberechenbar« und unvorsichtig fahrender Radler. Für Rudolf Ditzen alias Hans Fallada hatte der Zusammenstoß mit dem Pferdefuhrwerk dramatische Folgen. Neben der schweren Hirnerschütterung, den Gesichts- und inneren Verletzungen und einem gebrochenen Fuß konnte er fünf Monate lang die Schule nicht besuchen und war danach nicht mehr derselbe. Am 17. Oktober 1911 beschloss er mit seinem Freund Hanns Dietrich, einen als Duell getarnten Doppelsuizid zu begehen. Bei dem Schusswechsel starb sein Freund, während er selbst schwer verletzt überlebte. Er wurde wegen Totschlags angeklagt und in die psychiatrische Klinik in Tannenfeld eingewiesen – das weitere Geschehen steht in Biographien.[29]

Ab den 1920er Jahren nahmen die Unfälle zwischen Autos und Fahrradfahrern »rasant« zu – und das, obwohl in vielen Städten die Höchstgeschwindigkeit für Kraftfahrzeuge noch 20 km/h betrug. Allein 1926 kamen bei Unfällen im Straßenverkehr 4500 Menschen ums Leben – überwiegend Fußgänger und Radfahrer.[30]

Nach dem Ersten Weltkrieg – indem auch Radfahrer-Truppen als bewegliche Einheiten und zur Nachrichtenübermittlung zum Einsatz kamen – begann der zweite Boom des Radfahrens.[31] Er hielt bis in die 1950er Jahre an und kennzeichnet den nicht nur in Deutschland (mit Ausnahme der USA) historisch bislang einmaligen Zeitraum, in dem das Fahrrad zum meistgenutzten Individualverkehrsmittel, zum Hauptverkehrsmittel der Massen avancierte. Dass er trotz der in den 1930er Jahren stark zulegenden Automobilproduktion bis in die 1950er währte, hängt natürlich mit dem Zweiten Weltkrieg zusammen, der der Zivilbevölkerung das individuell motorisierte Fahren fast gänzlich verunmöglichte.

Nicht, dass das Fahrrad nicht auch nach den Entbehrungen und dem massenhaften Tod junger Europäer zwischen 1914 und 1918 Lust auf ganz andere Touren als die zum Arbeitsplatz oder sonntags in die Natur gemacht hätte. »Im Herbst des Jahres 1924«, berichtet Hermann Härtel, »begegnete mir in Wien durch Zufall in der Gumpendorfer Straße ein orientalisch aussehender Mann, der ein Rad neben sich herschob, das irgendeinen Defekt zu haben schien. Da ich selbst begeisterter Radsportler bin, interessierte mich der Fremde, und ich bot ihm meine Hilfe an. Er sprach englisch und etwas gebrochen deutsch, doch konnten wir uns einigermaßen verständigen. Ich erfuhr, daß er indischer Parse sei, der sich auf einer Weltradfahrt befinde. Diese Begegnung war nun die Veranlassung zu meiner Reise um die Erde, die ich bald darauf gemeinsam mit dem Inder, er heißt Davar, begann. Sieben Jahre waren wir unterwegs, vom 19. November 1924 bis zum 11. Oktober 1931. In dieser langen Zeit lernte ich große Teile der Welt kennen, denn in allen Kontinenten waren mein indischer Freund und ich gewesen. Im hohen Norden wie im heißen Süden traten wir die Pedale unserer Räder, und selbst die große Wüste Sahara und der Urwald des Amazonas waren für uns kein Hindernis.«[32] Als die beiden im Herbst 1931 nach 100 000 auf dem Sattel bewältigten Kilometern zurück in Wien waren, berichteten so gut wie alle Zeitungen und gab es einen Riesenspektakel – Ehrenrunde auf geschmückten Fahrrädern im Stadion inbegriffen.

Da die Fahrradindustrie während des Ersten Weltkriegs zwar Materialprobleme, aber durch Rüstungsaufträge keine finanziellen Probleme hatte, konnte sie die Produktion bereits 1920 wieder hochtreiben – stellten die Werke rund 1,5 Millionen Räder her. Absatzprobleme gab es auch keine, weil die Nachfrage trotz politischer Krisen und der bis 1924 anhaltenden Hyperinflation stetig stieg. Und das, obwohl erst 1928 die durchschnittlichen Reallöhne wieder das Vorkriegsniveau erreichten und viele Angehörige der Mittelschichten durch den Verlust ihrer finanziellen Rücklagen arg in die Klemme gerieten. Der Kauf eines Fahrrads machte aufgrund der Inflation mehr Sinn als vieles andere, weil das Geld so umgehend wertbeständig angelegt war.

Als 1926 auf Drängen des Verbands Deutscher Fahrradindustrieller die im Krieg eingeführte Fahrrad-Luxussteuer abgeschafft wurde, gab es kein Halten mehr: Nun konnten sich aufgrund weiter sinkender Preise auch viele einkommensschwächere Leute ein Rad beschaffen. Die großen Fabriken wie Opel, Adler, Dürrkopp, Miele und andere mehr steigerten den Produktionsausstoß. 1930 verkauften allein die deutschen Hersteller drei Millionen Fahrräder. Nur eine gesellschaftliche Gruppe kam über das Träumen vom Fahrrad nicht hinaus: die Kinder eines Durchschnittshaushalts jener Zeit erhielten keine altersgerechten Räder, denn dafür reichte das Haushaltsgeld nicht.

Die Automobillobby blieb in den Weimarer Republikjahren freilich auch nicht tatenlos. Sie drängte die Politik zum Ausbau des Straßennetzes, setzte dafür 1922 die teilweise Zweckbindung der Kfz-Steuer durch und drängte auf den Bau von Autobahnen, die aber aufgrund des Einspruchs der auf ihre Fernverkehrsleistungen pochenden Reichsbahn zunächst nur in Form detaillierter Pläne in den Schubladen landeten. In den Städten, in der die Kraftfahrzeuge so allgegenwärtig wurden, dass es zunehmend Probleme mit der ebenfalls rasant steigenden Zahl von Radfahrern gab, arbeiteten die Experten der Planungsämter zunehmend detailliertere Um- und Ausbaumaßnahmen für eine autogerechte Infrastruktur mit Umgehungs- und kreuzungsfreien Straßen aus. Und zwar durchaus im Einklang mit der Zentralstelle für Radfahrwege, einer Gründung der Fahrradindustriellen, die wie etwa Opel auch Motorfahrzeuge oder Zubehör herstellten.

Der Radfahrwegebau kam den am Ausbau des Kraftverkehrs interessierten Akteuren um 1927 schon deshalb gelegen, weil die ca. 12 Millionen Radfahrerinnen und Radfahrer der freien Fahrt des motorisierten Verkehrs zunehmend in die Quere kamen und die Unfälle sich häuften. Und dann setzte 1929 die Weltwirtschaftskrise ein, stieg die Arbeitslosigkeit und bildeten sich vor den Arbeitsämtern immer längere Schlangen, folgte eine Notverordnung nach der anderen, platzten die Absatzträume der Autoindustrie. 1932 waren fast sieben Millionen Menschen in Deutschland arbeitslos. Und was bewegte in jenem Jahr den Vorstand der Zentralstelle für Radfahrwege? Zum einen das Thema Arbeitsbeschaffung durch Radwegebau, zum anderen das Problem Verkehrssicherheit: »Wir wollen durch Radfahrwege die Gefahren der Straße bekämpfen und Menschenleben schützen.« Was damit genau gemeint war, wurde gegenüber der Zeitschrift *Radmarkt* nicht verheimlicht: »Wir wollen auch dem Kraftverkehr nützen, ihn flüssiger machen und damit verbilligen: auch die Versicherungsprämien ließen sich in absehbarer Zeit ermäßigen, wenn der störende Radfahrer von der eigentlichen Fahrstraße verschwindet.«[33]

Nachdem am 30. Januar 1933 Adolf Hitler vom Reichspräsidenten mit der Bildung einer neuen Reichsregierung beauftragt worden war, verkündete dieser einen Monat später, er werde die Automobilindustrie zur Schlüsselindustrie ausbauen. Der Allgemeinheit kam diese Förderung allerdings nicht zugute, die Gewerkschaften wurden zerschlagen, der Lohnanteil am Volkseinkommen sank stetig, und die den Teilnehmern des »Reichsarbeitsdienstes« auferlegte Gratisarbeit erleichterte den nun einsetzenden Bau von Autobahnen – und von neuen Radwegen. Die Propagandamaschine der Nazis ließ angesichts der Tatsache, dass das Volk im Alltag massenhaft mit dem Fahrrad unterwegs war, keine Chance aus, sich zu positionieren. 1935 rief sie eine Wanderausstellung ins Leben, die mit dem Slogan »Deutschland braucht Radfahrwege« durchs Land gekarrt wurde und den »Mindestbedarf« mit 40 000 km Radwegen im Reich angab, wobei zu dem Zeitpunkt von etwa 5000 bestehenden Wegkilometern ausgegangen wurde. Im *Radmarkt* war zugleich der Beitrag einer der zuständigen Beamten zu lesen:

> »Zur kommenden Olympiade [1936] werden hunderttausende Ausländer Deutschland besuchen; bestimmt zeigen wir ihnen dann neben den Straßen Adolf Hitlers – den Reichsautobahnen – auch die Straßen des kleinen Mannes, die Radfahrwege. Zeigen wir dem staunenden Ausländer einen neuen Beweis für ein aufstrebendes Deutschland, in dem der Kraftfahrer nicht nur auf den Autobahnen, sondern auf allen Straßen ungefährdet durch den Radfahrer freie, sichere Bahn findet.«[34]

Ich mache es kurz. Bis 1945 wurden nicht 40 000 km Radwege gewährleistet, sondern bestenfalls 6000 km neu angelegt, zugleich entstanden Autobahnen mit einer Länge von 3500 km. Wofür sie benötigt wurden, zeigte sich ab 1939. In den auch dem »kleinen Mann« in Aussicht gestellten Volkswagen fuhren dann auch kleine Leute – aber nur die in Wehrmachtsuniform. In den Städten vergrößerten sich die Radwegnetze während der NS-Zeit je nach kommunaler Förderung (das Reich finanzierte nur die Wege an den Reichsstraßen) – in Bremen etwa wurden bis

1937 gut 100 km neue Radfahrwege angelegt. Und weil das Stahlross das Arbeiter- und Angestellten-Individualverkehrsmittel Nr. 1 war, sorgten insbesondere in den Industriestädten die Großunternehmen wie auch die Reichsbahn für geeignete Fahrradabstellanlagen und -ständer, etablierten sich Fahrradwachen in den Einkaufszonen, die über die Vehikel gegen geringes Geld wachten – achtsame Augen bzw. Schließvorrichtungen für Niederräder sind seit jeher gegen allzu eifrige Langfinger das beste Gegenmittel.

Um eine Vorstellung davon zu bekommen, was es heißt, wenn an Werktagen die Berufstätigen zur Arbeit radeln, ziehe ich nun einen Bericht heran, der das Geschehen im Jahre 1937 schildert, als auf Veranlassung des »Generalinspektors für das deutsche Straßenwesen« an elf Tagen im September eine reichsweite Radverkehrszählung durchgeführt wurde. Die Presse berichtete über die Ergebnisse im Frühjahr 1939 und befand generell:

»Der Radverkehr hat trotz der starken Motorisierung des Straßenverkehrs in den letzten Jahren einen starken Aufschwung genommen, eine Erscheinung, welche keineswegs auf Deutschland allein beschränkt ist. Das Fahrrad, das in den ersten Jahren nach dem Kriege im Straßenverkehr vielfach eine untergeordnete Rolle spielte, hat mit der zunehmenden Aufrichtung der großstädtischen Ballungen durch Errichtung von Siedlungen, durch Hinauslegung von Industriebetrieben u. a. m. wieder eine erhebliche Bedeutung erlangt. […] Die Schaffung eines großen Radwegenetzes ist notwendiger als je geworden, seitdem Kraftwagen, Straßenbahnen und Fahrräder gerade in den engen Verkehrsbeziehungen auf gemeinsamen Fahrbahnen eine gegenseitige Gefahrenquelle bilden. Hier ist der Radfahrer besonders gefährdet. Dies zeigt sich aus der Verkehrsunfallstatistik […] wonach der Anteil der […] Radfahrer 27 % aller getöteten Personen betrug.«[35]

Die 1937 durchgeführte Erhebung – ausgelassen wurden Gegenden, in denen die Industriebetriebe von den Arbeitern und Angestellten überwiegend zu Fuß erreicht werden konnten – ergab, dass bei den Großstädten Berlin und Hamburg an der Spitze standen, wobei in Hamburg mit seinen vielen Radfahrwegen zwischen Wohn- und Arbeitsplätzen ein stärkerer Radverkehr beobachtet wurde. In beiden Städten wurden an vielfrequentierten Straßen 95 Radfahrer in der Minute in beiden Richtungen gezählt. Der »Spitzenverkehr« aber wurde in Bremens Hafengegend ermittelt – dort passierten an einem Sonnabend zwischen 6 und 7 Uhr 102 Radfahrer in der Minute die Station. »Der Höhepunkt des werktäglichen Radverkehrs wird zwischen 6 und 7 Uhr erreicht. Wenn nicht in dieser Zeit der Kraftfahrzeugverkehr noch von meist geringem Umfang wäre, würde es mancherorts unmöglich sein, diesen Stoßverkehr der Radfahrer reibungslos abzuwickeln. [...] Am niedrigsten ist der werktägliche Radverkehr zwischen 9 und 10 Uhr. Gegen 16 Uhr setzt alsdann ruckartig, durch den Arbeitsschluß und Schichtwechsel in der Industrie bedingt, ein starker Radfahrverkehr ein.«[36]

Welche Städte mit über 75 000 Einwohnern 1937 hohe Stunden- und Tageswerte beim Radverkehr aufwiesen, ist schon deshalb interessant, weil sie das heute zum großen Teil wieder tun. Der Größenreihe nach: Berlin, Hamburg, Bremen, Frankfurt a. M., Dresden, München, Hannover, Nürnberg, Mannheim, Chemnitz, Augsburg, Magdeburg (mit einem überdurchschnittlich gut ausgebauten Radwegenetz), Ludwigshafen, Bielefeld, Mülheim, Potsdam und Oldenburg (im Vergleich zu heute fehlen vor allem Münster und Freiburg). Generell, so lautete die Einschätzung 1937, hatten die stark industrialisierten Gemeinden ein höheres Radverkehrsaufkommen als die anderen; auch schnitten Stuttgart und Wuppertal »wo zum Teil das hügelige und bergige Gelände« das Radfahren erschweren, unterdurchschnittlich ab.

Als 1939 die Deutsche Wehrmacht Polen überfiel, lebte der

später vielgerühmte österreichische Schriftsteller Thomas Bernhard (1931–1989) mit seiner Mutter im oberbayerischen Traunstein. Er erzählt: »Im Alter von acht Jahren trat ich auf dem alten Steyr-Waffenrad meines Vormunds, der zu diesem Zeitpunkt in Polen eingerückt und im Begriff war, mit der deutschen Armee in Rußland einzumarschieren, unter unserer Wohnung auf dem Taubenmarkt in Traunstein in der Menschenleere eines selbstbewußten Provinzmittags meine erste Runde.«[37] Schon bald darauf zählte sich der junge Bernhard zur »auserwählten Klasse der Radfahrer« und unternahm ohne das Wissen seiner Mutter eine 36 Kilometer lange Ausfahrt nach Salzburg zu seiner Tante, wobei er auch die »unangenehme Seite des Radfahrens« kennenlernte …

Nachdem Hitler den Weltenbrand entzündet hatte, wurden sofort die nicht dringend notwendigen Kraftfahrzeuge requiriert, war das Fahrrad noch kostbarer als je zuvor, weil die Bewältigung längerer Wege mit den öffentlichen Verkehrsmitteln zunehmend schwieriger wurde. Durch die Bombenangriffe auf die Städte brach häufig der Bus- und Straßenbahnverkehr zusammen, Schäden an den Fahrzeugen und akuter Fahrermangel kamen hinzu. Die Niederländer mussten nach 1941 nicht nur den zunehmenden Terror der deutschen Besatzer hinnehmen, im Hungerwinter 1944/45 raubten diese ihnen mittels sogenannter »Fietsen-Razzien« auch noch Zehntausende von Fahrrädern. Insbesondere im europäischen Muster-Fahrradland bedeutete der Verlust der Fietse einen besonders harten Schicksalsschlag, war das Rad doch auf dem Land lebensnotwendig, um die Versorgung mit Lebensmitteln zu gewährleisten. Ob es im Mai 1945 trostreich war, mitanzusehen, wie die deutschen Soldaten auf ihren Fahrrädern das Land verließen?[38]

Über die vielfältige Funktionalisierung der Fahrräder im Zweiten Weltkrieg durch die Streitkräfte zu schreiben, fällt mir schwer. Das Fahrrad dient nun einmal jedem, der es benutzt: Deutsche Fahrrad-Polizeieinheiten begingen in den besetzten

Gebieten grauenhafte Kriegsverbrechen.[39] Nicht vergessen möchte ich die unzähligen Frauen, alten Männer und Kinder, die am Ende des Krieges ihre heimatlichen Regionen verlassen, die flüchten mussten oder vertrieben wurden. Nicht wenige von ihnen nutzten ein noch halbwegs intaktes Rad als Transportmittel für ihre Habe. So auch Eva-Maria Westphalen, die Anfang 1945 mit ihrer Schwester nach Berlin flüchtete. Die beiden Mädchen mussten das allein bewerkstelligen, weil die Eltern mit dem jüngeren Bruder und anderen Frauen und Kindern auf einem Lastwagen in die Hauptstadt aufgebrochen waren:

»Im Februar 1945, als ich dreizehn Jahre alt war, begaben sich meine jüngere Schwester Renate und ich auf eine lange Fahrradtour. Um der deutsch-russischen Frontlinie zu entfliehen, wollten wir von Altglietzen, einem Dorf nahe der Oder, wo wir seit zwei Jahren wegen der Bombenangriffe auf Berlin lebten, nach Berlin zurück, wo unser richtiges Zuhause war. Unsere Fahrräder waren total überladen mit Dingen, die wir aus Altglietzen nach Berlin retten wollten. Es war äußerst schwierig, die Balance zu halten, besonders für meine elfjährige Schwester. Plötzlich schrie sie laut auf und fiel mit dem überladenen Fahrrad um. Sie kippte zur Seite und lag mit Fahrrad und Ladung auf der Straße. Sofort hielt ich an, um ihr aufzuhelfen und zu sehen, ob sie verletzt war. ›Ich kann das nicht – ich schaff' das nicht‹, schrie sie, halb unter dem Fahrrad und dem Kaninchenstall – mit Kaninchen übrigens – begraben, der sich vom Gepäckträger gelöst hatte. [...] Am nächsten Tag schafften wir es bis nach Hause, aber es dauerte den ganzen Tag. Eine 62 km lange Fahrradtour im Februar mit schwerer Last auf zum Teil aufgeweichten Landstraßen war wirklich keine Freude. Außerdem waren wir auch nicht allein auf den Straßen. Militärlastwagen, Panzer und Soldaten begegneten uns überall und die schrecklichen Kämpfe waren ständig zu hören. [...] Sehr müde, aber auch stolz erreichten wir unser ersehntes Ziel am späten Nachmittag. Ich werde nie vergessen, wie warm, geborgen und sicher wir uns fühlten, als wir unsere Eltern und unseren Bruder in Berlin wieder in die Arme schließen konnten. Übrigens: Das Kaninchen fuhr auch beim zweiten Start mit und ist gut angekommen.«[40]

Nach der Befreiung vom Hitlerfaschismus blieb die Bevölkerung noch jahrelang auf das Fahrrad als Hauptverkehrsmittel angewiesen. Es war für viele Städter nachgerade überlebenswichtig, wie sonst hätten die Hamsterfahrten zu den Bauern aufs Land und die Fahrten an Bahndämme und in die Wälder zur Beschaffung von Heizmaterial zufriedenstellend gelingen können? Ein Problem waren die vielen nicht mehr betriebsbereiten Drahtesel, und an neue Reifendecken war zunächst nicht zu denken, die waren nur für astronomische Summen auf dem Schwarzmarkt erhältlich. Flicken mit Nadel und Faden war das Gebot der Stunde. Es gab auch zurückkehrende Väter, so schildert es Klaus Schwingel in seinem Buch *Vaters Rad*, die ein kaputtes Fahrrad über den Krieg gerettet und auf dem Rücken von der Donau bis an die Saar nach Hause geschleppt hatten.[41]

Nach der Währungsreform kam in Westdeutschland die Fahrradindustrie durchaus flott wieder in die Gänge, auch in der DDR gelang trotz ungleich schwierigerer Bedingungen die rasche Wiederaufnahme der Produktion. Obwohl in der Folgezeit der Fahrradmarkt nicht erlahmte, zumal immer mehr Billigräder an Mann und Frau gebracht wurden, stiegen die westdeutschen Erwachsenen massenhaft auf das von ihnen schon lange ersehnte Kraftfahrzeug um, und die Politik trieb den Straßenausbau voran. In der DDR verlief dieser Prozess deutlich verzögerter. Bezeichnenderweise fanden ab Ende der 1950er Jahre genau die Räder reißenden Absatz, die ins Auto passen: Klappräder. In der DDR wurden sie ab 1967 hergestellt.

Ende der 1950er Jahre verlor das Fahrrad seinen Status als

Hauptverkehrsmittel, und das wohl auf unabsehbare Zeit. In den Stoßzeiten des Berufsverkehrs rieben sich nun Stoßstangen an Stoßstangen. Aber gemach. In fahrradfreundlichen Städten wie Bremen wurde der Ausbau der Radwege beim Wiederaufbau der zerstörten Stadt zunächst weiter betrieben. Allerdings wurde in den 1950er Jahren die Teerung der Wege aufgegeben und die Pflasterung durch rote Klinkersteine eingeführt. Dadurch sollten die den Radlern vorbehaltenen Verkehrsflächen deutlicher erkennbar werden. Zusätzliche Blockmarkierungen an Kreuzungen und Einmündungen trugen auch dazu bei. Inwieweit die Abkehr von geteerten Belägen sinnvoll war, ist durchaus die Frage. Viele der damals angelegten Radwege sind heute durch mangelnde Wartung zu Rüttelpisten verkommen.[42] Dennoch stiegen auch in der traditionellen Fahrradhochburg immer mehr Einwohner auf motorisierte Vehikel um. Lag der Radverkehrsanteil 1961 noch bei rund 10 %, sank er bis 1970 auf 5 %. Das Fahrrad, so hieß es nun, sei ein Arme-Leute-Verkehrsmittel, immerhin bestand weithin Einigkeit darüber, dass es für Mädchen und Jungen ein geeignetes Fortbewegungsmittel sei. Die 1952 geborene Publizistin Beatrix Wuppermann, Leiterin des deutsch-englischen Fahrradprojekts *Beauty and the BIKE*, schildert, wie sie als junges Mädchen auf den Sattel kam:

»Der Geruch von Kettenöl und Reifengummi, die leisen, klirrenden Geräusche der Werkzeuge, eine Frau im Blaumann und Männer mit leicht verölten Händen, das war meine Kindertraumwelt, mein Fahrradladen an der Ecke. […] Doch ein neues Fahrrad war unerschwinglich, und so erbte ich mit fünf Jahren das alte Rad meiner Mutter. Es war völlig überdimensioniert für so ein kleines Kind, und damit ich das Rad überhaupt benutzen konnte, wurde mir ein Kindersattel 20 Zentimeter tiefer an die Sattelstange geschraubt. Keine Stützräder, keine ›sparkly bits‹, kein Klimbim an diesem Rad, aber es war mein Fahrrad!«[43]

Ich wiederum, auch 1952 geboren, bedauere ein wenig, dass ich schon längst aus dem passenden Alter heraus war, als das BMX-Rad (Bicycle Motocross) in der BRD auftauchte. Tricks und Stunts waren meine Sache nicht mehr, als in den 1970er Jahren erst das als Opel Manta für Dreikäsehochs verspottete Bonanza-rad mit Bananensattel, Hochlenker und Dreigang-Schalthebel aufkam und dann – nach Steven Spielbergs Welterfolg *E. T.* – ab Mitte der 1980er Jahre immer leistungsfähigere BMX-Räder in die Läden kamen. Der Sport entwickelte sich prächtig. In meiner Heimatstadt Bremen wurde eine anspruchsvolle Bahn angelegt, fanden 1981 die ersten offiziellen Rennen statt – in Cottbus, Er-langen, Remagen, Schweinfurt und andernorts bald darauf nicht minder. Inzwischen gibt es in der seit 2008 olympischen Rad-sport-Disziplin BMX eine Bundesliga, auch führt der Bund Deutscher Radfahrer jedes Jahr Sichtungsrennen für alle Alters-klassen ab U 11 weiblich und männlich durch, wobei die über 29-Jährigen in den Klassen Junioren und Elite startberechtigt sind.[44] Aber wie gesagt, obwohl das BMX-Rad so etwas wie eine Verheißung war, und für eine große Fangemeinde immer noch ist, – für mich kamen Disziplinen wie Race und Time Trial schlicht zu spät.

Zweiradtour ins Zeitalter der vernetzten Mobilität

Achtung! Falschfahrer auf dem RS 5 Oldenburg – Bremen. Vor Delmenhorst kommt Ihnen ein autonom fahrendes Google car entgegen. Vorsicht in beiden Richtungen! RS 17 Herford – Löhne: Zwischen Bad Oeynhausen und Porta Westfalica 4 km Stau. Dort ist wegen eines Auffahrunfalls von Lastenrädern nur ein Fahrstreifen frei. Laut Polizei soll die Bergung bis 16 Uhr dauern. RS 61 Aachen – Heerlen: 12 km stockender Verkehr. Weil gebaut wird, ist nur ein Fahrstreifen frei. Zeitverlust etwa eine halbe Stunde. Vorsicht auf dem RS 1 Duisburg – Hamm: Bei Dortmund in beiden Richtungen Gefahr durch spontane Meisterschaftsfeiern von Borussia-Fans.

Dies ist eine Verkehrsmeldung aus der Zukunft. Der Begriff Radschnellweg (RS) ist in Deutschland noch keine offizielle Bezeichnung im Sinne der Straßenverkehrsordnung bzw. Bestandteil der Regelwerke zum Straßenbau. Seit 2014 dient ein Arbeitspapier der Forschungsgesellschaft für Straßen- und Verkehrswesen (FGSV) der Systematisierung des Erkenntnisstands zu Radschnellverbindungen, und Länder wie Nordrhein-Westfalen bereiten die Änderung des Straßen- und Wege-Gesetzes (StrWG) vor, um Radschnellwege wie Landesstraßen behandeln zu können. In dem Bundesland sind – Stand 2016 – rund 230 Kilometer überörtliche Radschnellwege in Planung.[1] Auf dem in der Ruhr-Metropolregion im Bau befindlichen, 80 Kilometer langen RS1, der zumal für Berufspendler eine ideale und attraktive Verbindung zwischen den Städten Duisburg, Mülheim an der Ruhr, Essen, Gelsenkirchen, Bochum, Dortmund, Unna, Kamen, Bergkamen und Hamm schaffen soll, wurde Ende 2015 der erste Teilabschnitt zwischen den Zentren von Mülheim an der Ruhr und Essen eröffnet.

Auch in anderen Metropolregionen laufen wissenschaftlich

begleitete Planungen zum Bau von Radschnellwegen. Im Rhein-Main-Gebiet etwa die »Pilotstrecke« Frankfurt a. M. – Darmstadt, in der Metropolregion München sollen in den kommenden Jahren insgesamt sechs Radschnellwege geplant und gebaut werden. In Göttingen gibt es seit 2016 den rund vier Kilometer langen eRadschnellweg vom Bahnhof zum Nordcampus der Universität. Er soll »eine Sichtbarmachung der Elektromobilität in Göttingen und Umgebung in Form von E-Bike- und Pedelec-verkehr inklusive Ladeinfrastruktur« gewähren und bewirken, »dass neue Bevölkerungsschichten für die Zweiradelektromobilität angesprochen werden und somit eine spürbare Verlagerung vom motorisierten Individualverkehr auf das Verkehrsmittel Pedelec/E-Bike stattfindet (Nachahmungseffekt).« Im Zuge des sogenannten Flottenprogramms möchten die Projektleiter regionale Firmen und Arbeitnehmer an die Zweiradelektromobilität heranführen und mittels der begleitenden Öffentlichkeits-arbeit die Bürger laufend gezielt informieren.[2]

Kein Zweifel. Die politisch neue Zielgruppe der Radschnell-wegfahrerinnen und -fahrer trägt zum Umweltschutz bei, reduziert aktiv die Luftschadstoffe, hebt ihre Fitness und Laune, ist schneller im Büro oder an der Werkbank und spart bares Geld. Oder flucht über einen plötzlich einsetzenden Sturzregen oder ein anderes extremes Wetterereignis.[3]

Die Renaissance des Fahrrads als Alltagsverkehrsmittel sorgt für ein verkehrsplanerisches Umdenken in vielen Ländern. Radschnellwege waren bislang vor allem in den Niederlanden, Dänemark und Belgien zu finden. Schon in den 1980er Jahren wurden in Tilburg und Den Haag durchgängige, schnelle Velorouten erprobt, um stauanfällige Straßennetze zu entlasten. Die Niederlande haben neben den bestehenden acht *Fietssnelwegen* weitere 20 Fahrradautobahnen in Bau genommen bzw. geplant. Kopenhagen bindet die Vororte mit autofreien Fahrradstraßen und grüner Welle an. In Basel gibt es Velo-Expressrouten und auch hierzulande sind Radschnellwege längst kein Fremdwort

Station Vélib bei der Place de la Bastille in Paris

mehr. Im 2016 vorgestellten *Bundesverkehrswegeplan 2030* heißt es so vielversprechend wie vage: »Zukünftig wird sich der Bund im Rahmen seiner verfassungsrechtlichen Möglichkeiten noch stärker am Bau von Radschnellwegen beteiligen. Die zu ändernden Grundlagen werden derzeit von der Bundesregierung geprüft.«[4] Den immer beliebteren Elektrorädern müssen ohnehin geeignetere, die Sicherheit nicht vernachlässigende Strecken eingeräumt werden. Pro Kilometer Radschnellwegbau fallen übrigens Kosten von 200 000 bis 500 000 Euro an. Ein Kilometer Autobahnneubau verschlingt hingegen Kosten von mindestens 10 Millionen Euro. In förmlich explodierenden Metropolen wie London – sie bekommt in jeder Stunde sechs neue Einwohner – sind Überlegungen für Schnellwege auf Stelzen im Schwange (ausgelöst vom Architekten Norman Foster). Die wenigen in der Stadt schon gebauten *Cycle-Superhighways* erweisen sich im Strahl lichtstarker Bike-Leuchten übrigens als ganz normale Radwege.

Der Mobilitätsforschung zufolge nimmt insbesondere in den Groß- und Universitätsstädten der Pkw-Besitz tendenziell ab. Dazu tragen neben dem vielerorts gut ausgebauten öffentlichen Personennahverkehr sowie den stetig erweiterten Carsharing- und Car-to-go-Offerten nicht zuletzt die Verbesserungen der Fahrradinfrastruktur bei. Zahlreiche Städte fungieren seit Langem als Knotenpunkt für die immer mehr Verkehrsdienstleistungen nachfragende jüngere, aber auch ältere Generation. Sie besitzen Fernbus- und ICE-Bahnhöfe und teils auch Flughäfen. Vor allem aber sind sie als ökonomische und kulturelle Zentren sehr viel stärker als der ländliche Raum in globale Verflechtungen eingebunden, beherbergen Heerscharen von Studenten und ein zunehmend reiselustiges Bürgertum. Deren immer weiter gespannten sozialen Netze und multilokalen Aktivitäten lösen gegenwärtig generationenübergreifend Mobilitätsbedürfnisse aus, die sowohl das alltägliche Fern- und Nahpendeln wie auch Wochenendtrips, Geschäfts- und Gruppenreisen usw. umfassen – eine Autofahrt mit aufgeschnallten Mountainbikes zum gewünschten Outdoor-Aktivitäten-Ziel inbegriffen. Apps, die kurzfristige Vorhersagen über Niederschlagsdauer und -stärke sowie Windrichtungen und Windgeschwindigkeit anzeigen, ermöglichen jederzeit entsprechende Planungsänderungen.

Was sich spätestens seit dem Millennium erheblich wandelt, sind die individuellen Mobilitäts- und gesellschaftlichen Mobilisierungsprozesse. Sie formen zunehmend vom Schul- und Berufsleben bis hin zum Freizeitverhalten alle Lebensbereiche und Aktivitäten um. Mobilität gehört zu den großen globalen, regionalen und lokalen Herausforderungen unserer Zeit, denn die räumliche Mobilität wächst allerorten stetig. So wie im vergangenen Jahrhundert die Eisenbahn, das Flugzeug und vor allem das Automobil eine Mobilmachung aller Lebensbereiche bewirkten, werden inzwischen zum einen die Medientechnologien und die ihnen inhärenten Inhalte immer mobiler und interaktiver, und verwenden zum anderen die Individuen diese Medien im wachsenden Maß für ihre Mobilität.

Dem britischen Soziologen John Urry zufolge werden Identitätsprozesse und kulturelle Phänomene viel beweglicher und brechen zugleich die einst vorherrschenden raum- und ortsbezogenen Sozialstrukturen tendenziell auf. Er spricht von »Mobilitäten« und geht von fünf Mobilitäts-Formen aus, die das gesellschaftliche Geschehen der Gegenwart prägen und sich komplex wechselseitig aufeinander beziehen: Die physische Bewegung der Menschen (von A nach B), die physische Bewegung von Objekten (z. B. die Warentransporte), das imaginative Reisen (z. B. mittels Erinnerungen und Medien), das virtuelle Reisen (z. B. in Erlebniswelten wie Second Life) und die kommunikative Mobilität durch die Nutzung einschlägiger Geräte wie das Smartphone und Dienste wie GPS, SMS usw.[5] Hinzu kommen »Cloud«-Funktionen, das »Wearable Computing«, »Foursquare« usw. Die von Facebook für seine mehr als eine Milliarde starke Nutzerzahl eingeführte Funktion »Nearby Friends«, die den Freunden nicht nur exakt den eigenen Aufenthaltsort zeigt, sondern auch die Entfernung angibt, die für eine spontane Begegnung zu überwinden ist, deutet an, welche Potentiale die postmoderne Mobilität birgt.

An Apps und Websites, die etwa mit regionalen, nationalen und internationalen Radrouten aufwarten, im Ortungsmodus die Navigation ermöglichen und die jeweils sich bietenden alternativen Verkehrsmittel in jeder Hinsicht mit ins Spiel bringen, mangelt es nicht. Ganz zu schweigen vom gerade aufkommenden Internet der Dinge. Die von Sensoren am Fahrrad erfassten und dann mittels Sendern an einschlägige Unternehmen übermittelten Daten – etwa über Stürze – ermöglichen die Etablierung von Notfallservices und völlig neue Einnahmequellen.

Physische Mobilität ist ein zentraler und konstitutiver Bestandteil unserer Gesellschaft. Die Teilhabe am öffentlichen und individuellen Personenverkehr gewährt auf privater wie schulischer und beruflicher Ebene die Einbindung in das gesellschaftliche Leben. Wird sie aus gesundheitlichen und anderen Gründen beschränkt, reduzieren sich individuelle Einfluss- und Handlungsmöglichkeiten im Zweifelsfall erheblich. Mobilität besteht seit jeher aus der Anzahl der Wege einer Person pro Tag. Allein die Anzahl der Wege, die wir heutzutage täglich in Städten zu Fuß zurücklegen – auch in Kombination mit anderen Verkehrsmitteln –, läuft auf einen Anteil am Verkehrsaufkommen von mindestens um die 25 % hinaus.

Mobilität hat mit der gern beschworenen »Freiheit« wenig zu tun. Autofahrerinnen und -fahrer erfahren das bei Staus, Parkplatzsuchen und den Arbeitsstunden, die sie nur für den Erwerb und Unterhalt des Gefährts aufwenden müssen (daran ändern auch »grüne« Elektroautos nichts). Radfahrerinnen und -fahrer wiederum neben den Anschaffungs- und Wartungskosten an den vielen immer dann roten Ampeln, wenn Eile geboten ist, an den zerschnittenen und unsinnige Umwege erzwingenden Radwegenetzen, der hohen Unfallgefahr durch den motorisierten Verkehr, unkomfortablen Fahrbahnbelägen usw.

Mobilität macht schon deshalb nicht frei, weil die ökologischen und raumstrukturellen Zwänge wachsen und das derzeit waltende Verkehrsverbundsystem längst an seine Grenzen gestoßen ist. Wenn nicht alles täuscht, liegt die städtische Zukunft – 2050 dürften um die 70 % der Weltbevölkerung in urbanisierten Zonen wohnen – in der Vernetzung vom eigenen oder ausgeliehenen Fahrrad mit dem öffentlichen Personennahverkehr und dem Teilen von Autos als eine Art von Meta-Taxisystem. Allerdings, so vermerkt der politisch erfahrene Volkswirt und Nachhaltigkeitsforscher Reinhard Loske: »Die Ökonomie des Teilens kann ebenso zu einem Generator von sozialer Kohäsion und nachhaltiger Entwicklung werden, wie sie zum permanenten Wettbewerb aller gegen alle und zur vollständigen Ökonomisierung unseres Lebens führen kann – bei gleichzeitigem Entstehen von global agierenden Digitalmonopolen mit Hang zum

Totalitären. Zwingend ist aber keine dieser Entwicklungen. Es kommt darauf an, welchen politischen und rechtlichen Rahmen wir der Ökonomie des Teilens geben: regional, national in der EU und weltweit.«[6]

»Ja, mia san mit'm Radl da«? Industrienahe Zukunftsforscher gehen von einem in Deutschland bis 2025 weiterhin steigenden Fahrerlaubnis- und Pkw-Besitz aus, insbesondere bei den Frauen. Aus ihrer Sicht dürfte auch der Trend zur Mehrfachmotorisierung anhalten. Für alle Haushaltstypen wird jedenfalls die Steigerung ihrer Verkehrsleistung prognostiziert, und zwar weniger die mit dem Fahrrad und dem öffentlichen Personenverkehr, als vielmehr »besonders stark« die mit dem Auto: »In Zukunft werden im Durchschnitt 20 000 Personenkilometer je Haushalt mit dem Auto erbracht, bei Paaren mit Kindern 38 000, bei Paaren ohne Kinder 21 000, bei Alleinlebenden hingegen nur gut 8000 Kilometer. [...] Mit der Zunahme von Paarhaushalten in höherem Alter werden parallel zur erhöhten Motorisierung Fahrer- und Mitfahrerwege im Auto dieses Bevölkerungssegmentes besonders stark zunehmen.«[7]

Welchen individuellen und gesellschaftlichen Stellenwert das Radfahren im Verlauf dieses 21. Jahrhunderts erhalten wird, ist eine spannende Frage. Dringend nötig ist die bessere Absicherung der Radler gegen Unfälle – gegen die die beliebten Helme per se nichts ausrichten können; im Glücksfall vermögen sie schwere Kopfverletzungen zu mindern. Nach den vorliegenden Forschungserkenntnissen resultieren nur aus einem Viertel der Radfahrunfälle Kopfverletzungen, von denen wiederum ein Großteil im Bereich des Gesichtsschädels auftritt, der vom Helm nicht adäquat geschützt wird.[8] Der wissenschaftliche Leiter der Unfallforschung der Versicherer (UDV), Siegfried Brockmann, kommentiert:

»Meine eigene Position würde ich so zusammenfassen: Nachdem ich im Selbstversuch kürzlich mit etwa 3 km/h gegen eine Glasscheibe gelaufen bin und dabei eine Gehirner-schütterung und einen übel blutenden Cut über dem Auge davongetragen habe, möchte ich einen ungeschützten Auf-prall mit 20 km/h nicht erleben. Ich empfehle also auf jeden Fall, einen Fahrradhelm zu tragen (beim Radfahren, nicht beim Gehen, auch wenn dies manchmal hilfreich wäre). Für eine Helmpflicht fehlen mir belegbare Zahlen, die ein Ein-greifen des Gesetzgebers erforderlich erscheinen lassen.«[9]

Gegenwärtig kommen dem Statistischen Bundesamt zufolge auf Deutschlands Straßen jährlich immer noch an die 400 Rad-ler bei Unfällen ums Leben, werden – soweit statistisch erfass-bar – knapp 80 000 verletzt und davon fast 15 000 schwer. Dabei stieg zwischen 2004 und 2014 der Anteil der tödlich verletzten Radfahrer von 8 auf 12 Prozent, bei den Autofahrern sank er hin-gegen (von 55 auf 47 Prozent). Nach wie vor ist das Kraftfahr-zeug für Radfahrer der schlimmste Unfallgegner – in 35 Prozent der Fälle ist es der Grund für einen getöteten Pedalisten. In et-was mehr als einem Viertel der Unfälle kommen die Radfahrer ohne Einwirkung Dritter – etwa bei schweren Stürzen – ums Leben.[10] Heutzutage lenken generell Smartphones, Naviga-tionsgeräte und Multimediaanlagen die Verkehrsteilnehmer zu-nehmend vom Geschehen ab. In Bremen z. B. sollen auffällige »Crashbikes« sie an Unfallschwerpunkten zu mehr Aufmerk-samkeit animieren.

Aller Wahrscheinlichkeit nach wird sich die Hardware, das Fahrrad der Zukunft, dem es nutzenden Individuum anpassen. Die Entwickler prophezeien jedenfalls individuell program-mierbare Fahrräder mit Minicomputer, die auch die Gänge der individuellen Leistungsfähigkeit gemäß schalten, Bremskraft und Federung dosieren usw. An allen relevanten Körpermaßen ausgerichtete, maßgeschneiderte Räder dürften bald das Maß der Dinge sein. Ganz besonders intelligente Fahrräder, die etwa Stützpfosten und Poller erkennen und den Radfahrer mit vibrierenden Lenkergriffen haptisch darauf aufmerksam machen und Warnsysteme, die mittels des vibrierenden Sattels etwa vor sich von hinten schnell nähernden Kraftfahrzeugen warnen, sind auch in der Erprobung. Generell scheint der Tag nicht mehr fern, an dem die Räder mit anderen Rädern und Fahrzeugen sowie mit Individuen und Objekten auf der gewählten Route kommunizieren. Die Vision von mit Solaranlagen versehenen Fahrrädern und Pedelecs, die den Akku – auch für die Minicomputer – ständig nachladen, heizen die Branche zusätzlich an.

Zahlreiche Forscher und Fahrradenthusiasten betonen seit den 1970er Jahren: »Das Fahrrad ist die Voraussetzung für die Erfindung des Automobils.«[11] Der Fahrradhistoriker Hans-Erhard Lessing unterstreicht: »Zahlreiche technische Detaillösungen wurden vom selbstbeweglichen Menschen auf Rädern erdacht und vervollkommnet, die dann das Auto nur zu erben brauchte.« Und er fügt hinzu, Fahrräder »sind die Überlebenden der Pferde«.[12] Robert Penn lässt wissen, das Fahrrad hätte auch dem Flugzeug der Brüder Wilbur und Orville Wright zur Geburt verholfen,[13] und Carlton Reid behauptet, die Radfahrer wären die Pioniere der Automobilität, weil sie als Erste auf bessere Straßen gedrängt hätten.[14] Mich überzeugen diese Befunde nicht, weder technisch noch kulturell. Sie dienen einer Legendenbildung, die das vom Wirkungsgrad her so revolutionäre wie stets nachhaltig zukunftsgerechte klassische Stahlross wahrlich beim Schwanz aufzäumt.

Das erste funktionale Automobil fuhr längst bevor Karl Drais 1817 die Laufmaschine auf den Weg brachte. Es war Richard Trevithicks »Puffing Devil« genannter Dampfwagen, der 1801 in England erfolgreich eine längere Straßenfahrt absolvierte – anderthalb Jahrzehnte vor Drais' Laufmaschine. Ihm folgte die erste auf einer Hüttenbahn eingesetzte Dampflokomotive. Dampfmaschinen trieben in der Folgezeit, noch bevor die pedalgetriebene Michauline ab 1866 in Fahrt kam, zahlreiche Omnibusse mit weit entwickelter Fahrzeugmechanik (Differenzial, Zweigang-Kettengetriebe usw.) an. In London fuhr bereits 1838 Walter Hancocks der Phaeton-Kutsche nachempfundener Pkw. Das erste alltagstaugliche, individuell nutzbare Auto, um genau zu sein. Als James Starley die Hochräder auf den Markt brachte, präsentierte der französische Konstrukteur Amedée Bollée einen sensationell als »Break« karossierten zwölfsitzigen Dampfbus, der sowohl über eine geometrisch korrekte Lenkung wie über Vollelliptikfedern verfügte. Und längst bevor das Niederrad die ersten Runden drehte, baute Bollée das historisch erste in Serie hergestellte Automodell. Der Pkw »Mancelle« nahm 1878 das Erscheinungsbild der im frühen 20. Jahrhundert gebauten Automobile vorweg und glänzte mit diversen technischen Detaillösungen wie der Einzelradaufhängung, welche die deutschen Entwickler Benz und Daimler schlicht nicht kannten, als sie ihre behelfsmäßigen ersten Motorwagen konstruierten.[15]

Kurz, die Dampfwagen (später: Lokomobile) hatten die technisch avancierte automobile Fahrzeugentwicklung – diejenige mit selbst-beweglichen und nicht auf menschliche Körperkraft angewiesenen Vehikeln – längst etabliert, als die Laufmaschine und später die pedalgetriebenen Maschinen den Menschen eine neben dem Zufußgehen weitere postfossile Fortbewegungsmöglichkeit eröffneten. Als die Kfz-Entwickler ab Ende des 19. Jahrhunderts einen höheren Wirkungsgrad versprechende Otto- und bald darauf Dieselmotoren zum Laufen brachten, konnten zunächst die damals technisch ausgereiften öffentlich und individuell genutzten tierisch angetriebenen Kutschen und (schlichten) Fuhrwerke aus dem Alltagsverkehr gezogen werden. Zudem ermöglichten sie den Luftverkehr.

Das klassische Zweirad ist eine mechanische Leichtbaukonstruktion, bei der die vom Pedalierenden bereitgestellte Energie aufgrund der menschlichen Kraft- und Ausdauergrenze wie auch beim Gehen oder Laufen nicht immer weiter gesteigert werden kann. Daran ändern selbst noch so effektive Kettenschaltungen mit vielen Übersetzungen und andere konstruktive

Verbesserungen nichts. Bezeichnenderweise heben nur die hilfs*motorisierten* Varianten Pedelec und E-Bike diese Beschränkung auf – sie sind deshalb eher Motor- als Fahrräder.

Das Fahrrad gewährt im Normalbetrieb keine allzu große Reichweite, ist über größere Distanzen deutlich langsamer als motorisierte Verkehrsmittel, und schützt nicht vor Wind und Wetter. Vor allem hat es keine große Zug- und Tragkraft. Es eignet sich in Form der Lastenräder zwar bedingt als Transportmittel, aber das mit der Automobilität aufgekommene große Spektrum von individuell einsetzbaren Nutzfahrzeugen – vom Traktor über den Lkw bis hin zum Bagger – kann es nicht ersetzen. Als Zugmaschine für Camping-, Bau- und Schaustellerwagen kommt es auch nicht in Frage.

Das klassische Fahrrad ist im Normalbetrieb mit einer es antreibenden und direkt lenkenden Person ein sehr flexibles mechanisches Vehikel, es benötigt keinen großen Pflegeaufwand, keine großen Stellflächen und Tankstellen, kann über Hindernisse leicht bugsiert oder getragen und fast überall »angebunden« werden.

Das Fahrrad bedarf gewiss einer sozialen, kulturellen und infrastrukturellen Förderung – die Niederlande praktizieren das seit Beginn des 20. Jahrhunderts auf beispielgebende Weise. Eine verkehrs- und kulturhistorische Geschichtsschreibung, die das ausschließlich die Körperkraft zum Fortkommen nutzende klassische Fahrrad mit dem gewaltige Infrastrukturen erzwingenden System motorgetriebener zwei- und mehrachsiger Fortbewegungs- und Transportfahrzeuge »kurzschließt«, ist aus meiner Sicht blind und obsolet.

Das gilt auch für Lessings Ineinssetzung von Pferden und Stahlrössern, die es überlebt haben sollen. Er unterschlägt, dass Reitpferde täglich intensiver Pflege und Fütterung bedürfen, also hohe Kosten verursachen, dass ein Stall benötigt wird, und die Tiere bekanntlich einen Willen haben, den ein Stahlross nicht hat. Vor allem werden Reitpferde nach wie vor gezüchtet und geritten, und Lessing wird wissen, dass die Arbeitspferde, die in der Tat kaum mehr benötigt werden, Zugkräfte offerieren, die kein Stahlross oder auch E-Bike hatte bzw. hat.

»Die Verbreitung des Fahrrads war von verschiedenen Hoffnungen, Träumen und Utopien begleitet. Das neue Mobilitätsmittel sollte die Wohnungsnot zum Verschwinden bringen, die Lage der Arbeiter und Frauen verbessern, Klassen- und Landesgrenzen einebnen, die Gesundheit fördern, den Widerspruch zwischen Technik und Natur aufheben und vieles andere mehr.«[16] So fasst der Verkehrsforscher Christoph Maria Merki eine weitere Neigung zur Übertreibung der Fahrrad-Visionisten zusammen, die mit dem Aufkommen des Niederrads mächtig in Fahrt kam. Ich würde sagen, die Gesundheit kann das Rad befördern – alles andere wäre zu schön gewesen, um wahr zu sein.

Wahr ist auch, und damit beschließe ich einigermaßen gerädert dieses Kapitel, dass Fragen an Radio Eriwan inzwischen historisch abgewickelt sind. Und damit auch diese:

»Frage an Radio Eriwan:
Stimmt es, daß der Bedarf an Fahrrädern ab 1980 voll gedeckt werden wird?
Radio Eriwan antwortet:
Im Prinzip ja. Bis dahin wird ein neues Gesetz jeden Bedarf, der über die Herstellungskapazität hinausgeht, unter Strafe stellen.«[17]

Bauteile, Zubehör und Problemlösungen

Dieses Kapitel richtet sich nicht an Profiradler, erfahrene Amateure und Reiseradfahrerinnen und -fahrer, Fahrradmechaniker oder auch Hobbyschrauber, für die das Hantieren am aufgehängten oder in einem Reparaturständer platzierten Stahlross so ziemlich die normalste Sache der Freizeitwelt ist. Es richtet sich an Leute wie mich, die mehr oder weniger täglich das Rad nutzen und kleinere Radtouren oder sportliche Ausfahrten unternehmen, von der Fahrradtechnik jedoch nur bedingt ausreichend viel verstehen. Eine ergänzend-großartige Verständnishilfe mit instruktiven Veranschaulichungen bietet das Bilderbuch *Fahrräder und Fahrradteile* des Grafikers Jürgen Isendyck.[1]

Von einem durchschnittlichen und einmal jährlich von der Werkstatt gewarteten Markenfahrrad erwarte ich, dass es mich problemlos von A nach B und wieder zurückbringt. Seitdem der Fachhandel als pannensicher bezeichnete Reifen offeriert, die ich seit Längerem auch unter mir weiß, ist der Begriff Panne für mich jedenfalls ein Auslaufmodell geworden, schrecke ich beim Überfahren einer kleinen Scherbe nicht gleich aus dem Sattel. Allerdings sind die Reifen an gut ausgestatteten Rädern oder auch Pedelecs unserer Tage nur eine Komponente unter diversen anderen, die im Zweifel immer dann für einen unerwarteten Stillstand sorgen, wenn es eigentlich flott vorangehen soll.

Ein handelsübliches Citybike – sprich: fast jedes vierte verkaufte Rad – erscheint auf den ersten Blick als ein ziemlich simples Gebrauchsgut. Allerdings fällt wohl nicht nur mir ausgerechnet in dem Moment, wo unsereins im Fahrradladen dem Mechaniker auf fachbegrifflicher Augenhöhe erklären möchte, woran es hapert, die korrekte Bezeichnung des Problems schwer. Und zwar insbesondere dann, wenn es nicht um einen unübersehbaren Platten, eine schleifende Bremse oder eine abgesprungene Kette geht. Mit den Komponenten eines Fahrrads ist nicht zu spaßen – mehr als 10 000 Neu- und Ersatzteile verschiedener Hersteller und Qualitätsklassen sind handelsüblich, füllen dicke Kataloge und sorgen gleichsam dafür, dass den Fahrradläden und -werkstätten weder der Beratungsanlass noch die Arbeit ausgeht. Damit aber zumindest all die Bauteile, die ein normal ausgestattetes Stahlross zwangsläufig hat, bei Bedarf korrekt bezeichnet werden können, wage ich nun den Versuch einer praxisdienlichen Technikerzählung.[2] (Siehe dazu auch die Abbildung eines Damenrads mit Bezeichnung grundlegender Teile auf S. 196/197).

Ich beginne mit dem zumeist aus langlebigem Chrom-Molybdän-Stahl oder aus Aluminium gefertigten Rahmen – vergleichbar mit dem Fahrgestell bei Fahrzeugen anderer Art einschließlich Rahmennummer. (Carbonrahmen lasse ich außen vor.) Laut Robert Penn ist er »die Seele eines Rades«, und die Rahmengeometrie bestimmt gleichsam, wie bequem ein Rad ist, wie es reagiert und in der Kurve liegt. Der Rahmen trägt Fahrerin oder Fahrer und verbindet alle anderen Bauteile fest oder beweglich miteinander. Die klassische Form ist der Trapez- oder sogenannte Diamantrahmen, der viel Stabilität offeriert.

Vorne sitzt das Steuerrohr, in der Mitte das durch Unter- und Oberrohr gehaltene Sitz- oder Sattelrohr und dahinter die obere Hinterbau- bzw. Sitzstrebe und die untere Hinterbau- bzw. Kettenstrebe mit ihren hinteren Ausfallenden zur Aufnahme der Laufradachsen. Bei Damenrädern ist das Oberrohr abgesenkt; wenn sie einen Zentralrohrrahmen haben, gibt es nur ein verstärktes geschwungenes Unterrohr.

Die geometrischen Besonderheiten, die maßgeblich die Fahreigenschaften eines Rades beeinflussen, ergeben sich aus dem Sitzrohr- und Steuerrohrwinkel, dem Radstand, also dem Abstand zwischen der vorderen und hinteren Radnabe, und der Höhe des Tretlagers. Anders formuliert: Wer den richtigen Rahmen für die gewünschte Art des Radfahrens wünscht, kommt

Das Rad im Detail

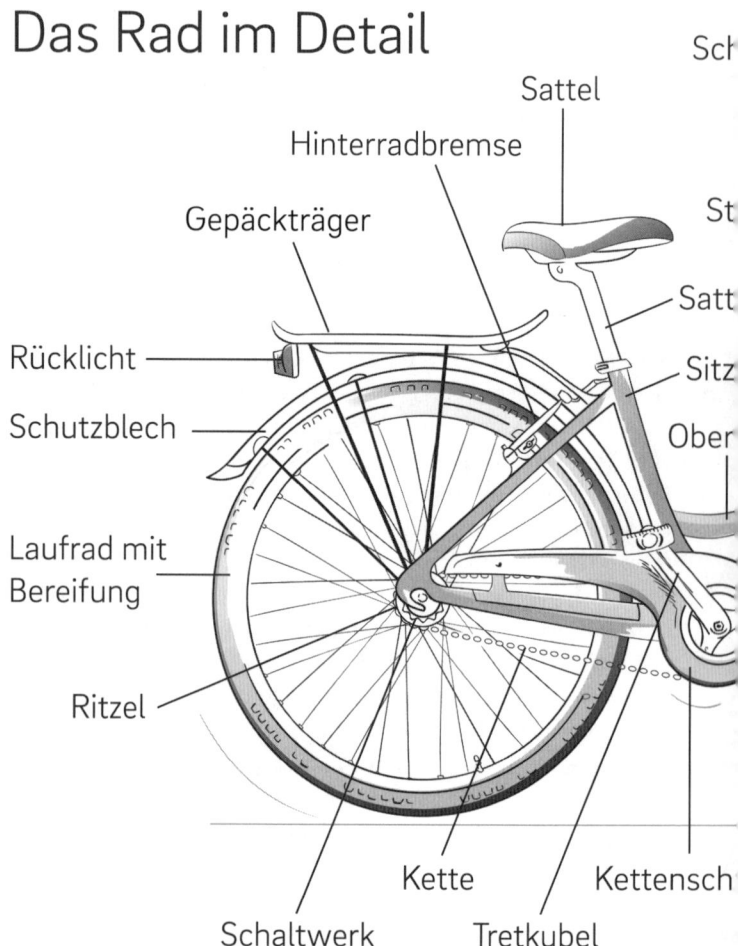

Sch

Sattel

Hinterradbremse

Gepäckträger

St

Satt

Rücklicht

Sitz

Schutzblech

Ober

Laufrad mit
Bereifung

Ritzel

Kette   Kettensch

Schaltwerk   Tretkubel

g

Klingel

Lenker

Bremsschalthebel

Bowdenzug

atz

ze

Scheinwerfer

Vorderradbremse

Speiche

Achse

Seitenstrahler

Unterrohr

Ventil

Pedal

Schutzblechstrebe

um eine fachliche Beratung und das richtige Maßnehmen nicht herum.

Das Steuerrohr hält die Gabel mit Gabelschaft, Gabelkopf, Gabelscheiden und den Ausfallenden für die Vorderlaufradachse (manche Räder haben eine Zentralfedergabel oder eine mit Tauchrohren versehene Teleskopfedergabel). Das Steuerohr enthält den Steuersatz mit festem oder variablem Vorbau, von dessen Schlitzklemmung der Lenkerbügel gehalten wird. Es gibt sowohl Standardbügel für eine, wie auch solche für mehrere Sitzhaltungen – Renn- und Multifunktionsbügel. Lenkerhörnchen an den Enden dienen nicht der Zierde. Sie erhöhen die Zahl der möglichen Griffstellungen – wer viele Kilometer am Tag zurücklegen möchte, wird sie schätzen. Die Bügel haben Lenkergriffe, ein oder zwei Bremshebel, die vorgeschriebene Fahrradglocke sowie Schalthebel bzw. Dreh- oder Push-Pull-Schalter für die Gangschaltung. Zusatzgeräte wie Bordcomputer sowie Lenkertaschen für Handys und Geldbörsen kommen hinzu.

Die Steuersätze bzw. Lenkkopflager, in denen die Fahrradgabeln gelagert sind (mit oder ohne Gewindeschaft) sind komplexe Bestandteile. Sie enthalten auch die Industriekugel- bzw. Wälzlager, die das Drehen der Gabel zum Lenken und Balancieren perfekt ermöglichen. Wo sich mittig Unterrohr und Sitzrohr treffen, liegt das Tretlager mit Welle, Innenwälzlager, Tretkurbeln und Kettenblättern. Wenn die Lager nicht gut gegen eindringendes Wasser oder Schmutz abgedichtet sind, bleiben kostenträchtige Probleme nicht aus. Die Tretkurbeln werden ergänzt durch die Pedale, die am Ende eingeschraubt sind. Es gibt auch sogenannte Systempedale, bei welchen der Schuh im Pedal einrastet und eine günstigere Kraftübertragung ermöglicht. Rechts läuft die Rollkette, bei Hollandrädern im Kettenkasten, bei anderen unter dem gesetzlich vorgeschriebenen, fest angebauten Kettenschutz. Zumindest muss eine Kettenschutzscheibe angebracht sein.

Im Sitzrohr steckt die Sattelstütze, die den Sattel aufnimmt.

Als Zusatz erhältliche Teleskop- oder die noch besseren Parallelogramm-Sattelstützen federn die Fahrt insbesondere bei Rädern mit einem kürzeren Radstand zusätzlich ab. Da der Sattel neben Lenker und Pedalen einer der drei Berührungspunkte ist, die beim durchschnittlichen Fahrrad das meiste Gewicht tragen, ist die Wahl des individuell »richtigen« Sattels entscheidend für beschwerdefreies Fahren. Manche schätzen den klassischen Kernledersattel, andere schwören auf einen Gelsattel. Ich sage es so: Ergonomisch geformte Modelle, die den druckempfindlichen Dammbereich (*Perineum*) entlasten, sind ihr Geld allemal wert.

Ein Zweirad hat in der Tat zwei Laufräder, das lenkbare Vorderrad und das von der Kette angetriebene Hinterrad. Die zumeist eingebauten Speichenräder bestehen aus Nabenachse, Nabenlager, Nabengehäuse, Nabenflansch, üblicherweise 36 Speichen, Speichennippel, Felge, Ventil, Felgenband, Schlauch und Mantel. Die – unterschiedlich langen – Speichen sind aus Edelstahldraht. An ihnen sitzen Speichennippel aus Messing oder Aluminium; sie sind die schraubbare Verbindung zur Felge. Üblich ist die tangentiale bzw. über Kreuz geführte Einspeichung der Laufräder.

Entscheidend für die wirksame Umsetzung der Kraft unserer Gesäß- und Beinmuskeln ist der Fahrradantrieb. Er besteht zumindest aus den Komponenten Kettenblatt, Tretlager, Tretkurbel, Kette und Freilaufschraubkranz. Die meisten Hinterradnaben enthalten heutzutage eine Ketten- oder Nabenschaltung. Letztere hat in der Regel eine Rücktrittbremse und ist weniger verschleißanfällig. Mit Ausnahme des Antriebsritzels (Zahnrads) befinden sich alle Bauteile des bis zu 14 Gängen ermöglichenden Planetengetriebes innerhalb der gekapselten Nabenhülse. Kettenschaltungsnaben mit bis zu elf Zahnrädern im Zahnkranzpaket oder der Kassette haben einen Freilaufkörper. Sie ziehen einen deutlich höheren Pflegeaufwand nach sich. Für den Überlauf der Kette zwischen den Ritzeln sorgen freiliegende Schaltwerke mit Umwerfer und Kettenspanner. (Die vorderen bis zu drei Zahnräder des Wechselgetriebes heißen Kettenblätter.) Wenn die Kette schräg läuft, verkürzt sich ihre Lebensdauer erheblich.

Alle Fahrradketten weisen die gleiche Gelenk-Teilung auf. Für Räder mit Nabenschaltungen werden Rollenhülsenketten genutzt, für die mit Kettenschaltungen etwas schmalere Lagerkragenketten. Sie bestehen aus Innen- und Außengliedern, Innen- und Außenlaschen. Die Verbindung der einzelnen Glieder gewährleisten mit einem Kettenschloss oder Reparaturniet versehene Hülsen. Wesentlich teurer – und seltener eingebaut – sind Fahrradzahnriemen. Sie sind leichter, haben eine längere Lebensdauer und benötigen kein Öl. Da sie anders als übliche Ketten nicht teilbar sind, können sie nur bei Rädern mit einem speziellen Rahmenhinterbau zum Einsatz kommen.

Laut Straßenverkehrsordnung muss ein jedes Fahrrad mit zwei unabhängig voneinander wirkenden Bremsen ausgestattet sein. Räder mit Kettenschaltungen haben zwei Felgenbremsen. Sie pressen die Bremsklötze auf die Felgenflanken, entweder als Ein- oder Zweigelenkbremsen. Bei ersteren sind beide Bremsarme mittig, bei letzteren ist nur einer am zentralen Befestigungspunkt montiert. Starke Bremskräfte entfalten sogenannte Cantileverbremsen mit Mittelzug und V-Bremsen. Gut dosierbar sind hydraulische Felgenbremsen. Hydraulisch – aber auch mechanisch – werden auch die zuweilen verbauten Scheiben- und Trommelbremsen angetrieben. Letztere sind zwar auch bei Nässe zuverlässig, gewähren jedoch keine hohen Bremsleistungen. Mit der Hand bedient werden müssen auch die aus Rücktrittbremsen weiterentwickelten, so gut wie verschleißfreien Rollenbremsen.

Die heute von Enthusiasten als »veraltet« bezeichneten Rücktrittbremsen sind seit Beginn des 20. Jahrhunderts eine ganz passabel funktionierende, durchaus komplex aufgebaute Errungenschaft. Beim Zurücktreten der Pedale wird über Kette und

Ritzel ein Schneckengetriebe in Gang gesetzt – letztlich wird ein geteilter Bremsmantel gegen die Nabenhülse gedrückt bzw. durch umlaufende Federn wieder in die Ausgangsstellung gebracht. Lange Bergabfahrten mögen Rücktrittbremsen nicht, sie überhitzen schnell.

Die Felgen-, Scheiben- und Trommelbremsen funktionieren wie die Gangschaltungen nur mit einem intakten Bowden- oder Seilzug. Er ist genau die flexibel verlegbare Kombination aus einem Drahtseil und einer in Verlaufsrichtung stabilen Hülle, die vom Lenker bzw. den Schalt- und Bremshebeln zu den Bremsen und der Hinterradnabe mit der jeweiligen Schaltmechanik sowie den Felgenbremsen führen. Übrigens benannt nach dem Erfinder Ernest Monnington Bowden (1860–1904).

Laut der Neufassung des § 67 Abs. 1 StVZO haben sich die gesetzlichen Auflagen für die Beleuchtungsanlagen 2013 geändert. Inzwischen gilt: »Fahrräder müssen für den Betrieb des Scheinwerfers und der Schlussleuchte mit einer Lichtmaschine, deren Nennleistung mindestens 3 W und deren Nennspannung 6 V beträgt oder einer Batterie mit einer Nennspannung von 6 V (Batterie-Dauerbeleuchtung) oder einem wiederaufladbaren Energiespeicher als Energiequelle ausgerüstet sein. Abweichend von Absatz 9 müssen Scheinwerfer und Schlussleuchte nicht zusammen einschaltbar sein.«[3]

City- und Trekkingräder sind in der Regel mit Lichtmaschinen ausgerüstet. Üblich waren lange die Seitenläuferdynamos mit Reibrolle (seltener Walzendynamos), die bei Nässe oder Schnee alles andere als gut funktionieren. Empfehlenswert sind die mit hohem Wirkungsgrad und witterungsunabhängig arbeitenden Nabendynamos (wenn auch bei niedrigen Geschwindigkeiten das Licht flackert). Die Lichtmaschinen versorgen die gesetzlich vorgeschriebenen aktiven Beleuchtungsanlagen – den Scheinwerfer und das rote Rücklicht. Glühlampen sind ein Auslaufmodell – Halogenglühlampen und zunehmend Leuchtdioden sorgen für eine gute Ausleuchtung. Nicht zu vergessen die passiven, ohne Stromzufuhr funktionierenden lichttechnischen Einrichtungen. Gesetzlich verlangt sind ein weißer Rückstrahler vorne, ein roter Großflächenrückstrahler hinten, gelbe Speichenrückstrahler oder reflektierende Streifen an den Reifen sowie gelbe Pedalrückstrahler.

Warum, so frage ich mich nach Einbruch der Dunkelheit, fahren nicht wenige Radlerinnen und Radler mit defekten Lichtanlagen durch die Gegend? Ist die Industrie nicht willens, wirklich widerstandsfähige Beleuchtungen zum Standard zu machen? Bereitet das Radfahren ohne eine funktionierende aktive Beleuchtung mehr Nervenkitzel, weil die Gefahr besteht, von Kraftfahrzeuglenkern im Dunkeln übersehen und angefahren oder gar mit Karacho ins Jenseits befördert zu werden?

Fehlen noch die Anmerkungen über nicht unbedingt nötige Ausstattungsvarianten. Schutzbleche über den Laufrädern schützen vor aufgewirbelten Steinen und Nässe, Seitenstützen oder Zweibeinständer vor dem Umfallen der abgestellten genialen Maschine. Ein möglichst stabiler Gepäckträger empfiehlt sich für ein alltäglich genutztes Rad, er hält auch die vom Handel vielfältig offerierten »waterproofen« Packtaschen oder trägt Körbe und Koffer. Elastische Spannbänder oder auch Spannriemen erhöhen die Funktionalität. Ab einem Gepäckgewicht von über 15 kg empfiehlt der Handel das Anbringen eines »Lowriders«, sprich von Gepäcktaschenträgern an der Gabel. Es gibt auch mobile Gepäckträger, die mit einem Schnellspannverschluss an der Sattelstütze befestigt werden; sie können max. 7 kg aufnehmen. Ach ja, der »überzeugte Radfahrer« Kai Schächtele lässt wissen: »Auf der Liste der Utensilien, die ich als Radfahrer ablehne, stehen Packtaschen ganz oben. Dicht gefolgt von Flaschenhaltern. Solche Accessoires vertragen sich nicht mit meiner Auffassung vom stilvollen Radfahren. Ich lehne sie ab aus Prinzip. Wobei ich nicht grundsätzlich gegen Transporthilfen bin – sie müssen nur gut aussehen. Eine schöne Frau auf einem Damenrad mit einem Bastkorb vor dem Lenker; das hat

Sexappeal, das hat Grandezza. Genauso wie der Weinflaschenhalter, den mir Freunde geschenkt haben. [...] Ein Mann auf einem Herrenrad mit einer Weinflasche unter der Mittelstange; das hat Stil, das hat Nonchalance. Menschen aber, die am Gepäckträger Packtaschen und am Rahmen Plastikflaschen spazieren fahren, lassen ihr Rad zum Nutztier verkommen. Das hat den Sexappeal eines Packesels.«[4]

Eine Anhängerkupplung ermöglicht das Nutzen von Fahrradanhängern (nicht nur für Kinder), eine platzsparende Minipumpe das Reifenaufpumpen auch dort, wo weit und breit kein Mensch unterwegs ist, der eine mitführt. Das unvermeidliche Zubehörteil eines außerhalb der eigenen vier Wände oder eines Fahrradparkhauses eingesetzten Fahrrads ist nicht immer leicht zu handhaben – ich meine das Ketten-, Bügel-, Seil-, Schwenkbügel- oder Faltschloss. Praktisch anmutende Ringbügelschlösser, die an den meisten Hollandrädern zum Standard gehören, verhindern zwar das Infahrtbringen durch Unbefugte; das Forttragen der genialen Maschine aber leider nicht. Für Radwanderungen empfiehlt sich die Mitnahme eines mobilen Navigationsgerätes bzw. Smartphones. Gute Geräte verfügen über akustische Signale, die immer dann rechtzeitig an das Abbiegen erinnern, wenn die Landschaft einfach überwältigend schön ist. Bordcomputer, die die Geschwindigkeit, die zurückgelegte Distanz und andere Informationen mehr anzeigen, gehören heute für viele Radfahrbegeisterte zum unverzichtbaren Equipment. Die Anleitungen insbesondere der preiswerteren Geräte sind allerdings keine vergnügliche Lektüre.

Als der große irische Autor Flann O'Brien (1911–1966) in Dublin unterwegs war, waren die Fahrräder noch vergleichsweise schlicht ausgestattete Alltagsbegleiter. Sein Drahtesel, der in einer seiner unter dem Pseudonym Myles na gCopaleen in den 1940er Jahren für die *Irish Times* verfassten Kolumnen zum Einsatz kommt, hatte freilich eine Schwachstelle, die nach wie vor für Umstände sorgt: »Kriegte dieser Tage einen Anruf aus

TO BUY OR NOT TO BUY? THAT IS THE QUESTION.

»Kaufen oder nicht kaufen, das ist hier die Frage«.
Cartoon von Marc Lucas in der Zeitschrift *Outing*, 1895

der Zentralbank – ob ich gleich mal herkommen könne, […] der Vorstand wünschte mich dringend zu sprechen, es war was Schlimmes passiert. Holte also mein klappriges und gesundheitsschädliches Fahrrad aus dem Schuppen. Wie ich's schon erwartet hatte – wieder mal platt! Dem war nicht zu helfen außer mit der Pumpe, wiewohl niemand besser wußte als ich, daß die Pumpe selbst eine undichte Stelle hatte und bloß zwei Prozent der Energie umzusetzen vermochte, die man investierte.

Nach zwanzigminütiger Schufterei, während derer die Pumpe unwiderruflich ruiniert wurde (und ich meine jetzt nicht die in meiner Hand, das kann ich Ihnen versichern – sondern mein Herz!), war ich reisefertig. Ich schaffte es, mich ungefähr fünfhundert Meter von meinem Hause zu entfernen, als dem anderen Reifen mit Nachdruck sämtliche Lüfte entwichen. Unterdessen hatte es kräftig zu schütten begonnen. Ich mußte vom Rad absteigen (per Beinschwung über Sattel und Gepäckträger wohlgemerkt, denn in diesen Dingen bin ich ziemlich altmodisch) und nahm mitten in der Sintflut meine Arbeit an der Pumpe wieder auf. Als ich diesen Reifen am Vorderrad halbwegs aufgepumpt hatte – inzwischen war eine weitere halbe Stunde meiner Lebenszeit verronnen –, mußte ich entdecken, daß nunmehr der andere Reifen wieder schlapp war.«[5]

Auf dem weiten Weg zur Zentralbank machte nun nicht nur das Reifenpaar im steten Wechsel neues Aufpumpen erforderlich, auch die altersschwachen und zu jener Zeit ziemlich widerspenstigen Rückschlagventile machten schlapp und mussten mühsam ausgewechselt werden. Das den Puls hochtreibende ständige Aufpumpen half dennoch nicht – in der Kolumne erreichte der Held die Bank vom Regen völlig durchnässt mit dem »luftlosen Fahrrad an der Hand« und war »um Jahre gealtert«. Immerhin waren »siebzehn Versuche, mir unterwegs eine Pumpe auszuborgen« fruchtlos geblieben.

Apropos Ventile. Bei Gebrauchsrädern kommen dieser Tage überwiegend leichtgängige und einfach zu wechselnde Blitz- oder Dunlopventile zum Einsatz (sie ermöglichen nicht das Messen des Luftdrucks). Mountainbikes warten mit Schrader- bzw. Autoventilen auf, die für hohen Luftdruck geeignet sind und gut abdichten. Rennräder haben häufig Sclaverandventile, bei denen zum Luftblasen eine Rändelmutter aufgedreht werden muss – auch sie sind für höheren Druck ausgelegt. Fest steht, Fahrräder werden mit einem höheren Reifendruck gefahren als Autos – ein schmaler Rennradreifen kommt auf über 10 Bar. Die

klassischen Rahmenpumpen und zunehmend beliebten Stand-
pumpen sollten Duo-Pumpenköpfe aufweisen, um allen Ven-
tilarten gerecht zu werden. (Zum Einstellen des Luftdrucks an
Feder- und Dämpfungselementen sind spezielle Pumpen notwendig.)

Der Plattfuß ist trotz aller Erfindungen nach wie vor der Klas-
siker unter den Fahrradpannen. Das war schon anno 1898 beim
ersten deutschen Fahrrad-Weltreisenden Heinrich Horstmann
so: »Meine Luftreifen waren sehr weich geworden, und am
nächsten Morgen war der ganze Luftinhalt entwichen. Ich fand
im Vorderreifen elf und im Hinterreifen fünf ganz feine Dornen
stecken, jeder hatte ein kaum aufzufindendes Loch gemacht.«[6]
Und es kommt insbesondere bei längeren Touren immer noch
vor: Bei ihrer knapp vier Jahre dauernden Radtour um die Welt
hatten Susann Kussagk und Sönke Bemmann zu Beginn des
21. Jahrhunderts 157 Mal einen Platten.[7] Nun gibt es für Touren-
räder zwar Mäntel verschiedener Hersteller, die außerordentlich
widerstandsfähig sind, für Rennräder jedoch nicht.

Was tun, im Falle eines unliebsamen Falles? Im Prinzip lässt
sich eine Reifenpanne auch durch ungeübte Hände durchaus be-
heben. Ich selbst habe bei längeren Ausfahrten übrigens immer
ein Pannenspray zur Behebung von kleineren Undichtigkeiten
im Fahrradschlauch dabei, weil ich das umständlichere Flicken
unterwegs vermeiden möchte. Ich kenne auch Leute, die immer
einen Ersatzschlauch und Haushaltshandschuhe mitführen, um
sich nicht die Finger schmutzig zu machen, und natürlich auch
eine Luftpumpe und das notwendige Bordwerkzeug: zwei
Montierhebel aus Plastik, die fürs Rad passenden Schlüssel bzw.
ein faltbares Multi-Werkzeug anstelle des früher beliebten
»Knochens«, und das Flickzeug selbst (Flicken, Aufrauer und
Vulkanisierlösung). Also, was ich gerne unterwegs vermeide,
läuft in einer guten halben Stunde wie folgt ab: Zunächst sollte
das betreffende Rad ausgebaut werden – was vorne relativ un-
kompliziert, hinten bei den zumeist vorhandenen Gangschal-

tungen und Bremszügen nicht ganz so flott vonstattengeht. Dann wird der Mantel mit den Montierhebeln zu einer Seite von der Felge gezogen und nach Fremdkörpern abgesucht. Mithilfe eines angefeuchteten Fingers muss schließlich das Loch im Schlauch entdeckt und mit dem Flickzeug anleitungsgemäß abgedichtet werden. Nach dem Auftragen der Vulkanisierflüssigkeit heißt es in der Regel: fünf Minuten abwarten. Muss ich noch erwähnen, dass der Mantel dann wieder so auf die Felge zu führen ist, dass der Schlauch dabei nicht eingeklemmt wird?

Wenn das Rad wieder eingebaut ist, folgt das Aufpumpen des Schlauchs – mit ein bisschen Glück hält er dicht, kann es weitergehen. Für Radlerinnen und Radler, die zwar Bordwerkzeug, aber kein Flickzeug dabei haben, hat die Deutsche Verkehrswacht einen Tipp, auf den ich nie gekommen wäre: Einfach den Mantel mit Gras oder Stroh stramm ausstopfen und so gestärkt zum nächsten Ziel, nach Hause oder zum Fahrradhändler fahren.

Selbst gut gepflegte Fahrräder erweisen sich in der Praxis nicht als absolut zuverlässig, und die moderne Fahrradtechnik lässt bestimmte Reparaturen für Laien offensichtlich nicht mehr ohne Weiteres zu. Ohne Detailwissen und Sonderwerkzeuge ist insbesondere den mit Schaltungen ausgestatteten Maschinen nur bedingt beizukommen. Reparaturen an Nabenschaltungen sind ohne fachfrauliche oder -männische Kenntnisse wenig sinnvoll, und die Einstellung von Kettenschaltungen alles andere als ein Kinderspiel. Auch ihren Namen verdienende Teleskopfedergabeln sind nicht ohne Weiteres zu warten. Im Übrigen nimmt die Zahl der verschleißanfälligen Teile eher zu, denn ab. Einmal im Jahr dürfte die Inspektion durch einen qualifizierten Servicebetrieb nicht schaden.

Für den Fall, dass die Kette reißt, empfehlen einschlägige Experten Radreisenden das Bereithalten von Ersatz-Kettengliedern und das Werkeln mit dem Kettennieter – ich gestehe, dass mein Bordwerkzeug auf einen Kettenriss nicht vorbereitet ist.

Außerdem ist mir beim Radeln noch nie eine Kette gerissen, ich halte sie mit gelegentlichen Ölgaben gut in Schuss. Brems- oder Schaltzüge sind ein Problem für sich – sie können durchaus genau dann reißen, wenn bei einer sonntäglichen Tagestour kein rettender Fahrradladen in der Nähe liegt. Experten raten, man solle immer mindestens einen von jeder Sorte im Gepäck mitführen. Reißt der vordere Bremszug bei nicht vorhandenem Rücktritt, ist jedenfalls Vorsicht angebracht, weil vorn eine höhere Bremskraft gegeben ist, die dann fehlt. Anders gesagt: Wer noch nie einen Seilzug ausgewechselt hat und eine längere Radreise plant, sollte vorher üben bzw. sich hilfreiche Selbstschrauberkenntnisse aneignen. Reparaturanleitungen gibt es ausreichend.[8] Bei Tages- und längeren Touren bietet sich die Mitnahme von starkem Klebeband und einigen Kabelbindern an – sie sind ein hervorragendes Improvisationsmaterial für kleinere Pannen.

Zu den relativ leicht durchführbaren Wartungsarbeiten und Reparaturen gehören neben dem Flicken des Schlauchs und dem Austausch eines Seilzugs das Nachziehen von Schrauben bzw. Neujustieren von Teilen wie der Glocke oder dem Ständer. Gute Multi-Werkzeuge bzw. zu Hause ein Maulschlüsselset, ein Feinmechaniker-Werkzeug und geeignete Schraubendreher reichen dafür aus. Pedale zu wechseln ist auch nicht schwer – es sei denn, sie sind vom Zahn der Zeit festgeklemmt. Das von vielen Schraubern geschätzte Multifunktionsspray WD-40 bietet im Zweifelsfall Abhilfe. Vor dem Kauf eines bordgerechten Multi-Werkzeugs gilt es sich zu vergewissern, ob es auch zu den am Rad verbauten Schrauben passt. Häufig werden gegenwärtig Innensechskantschrauben verbaut, Torxschrauben mit sternförmigem Innenprofil sind auch nicht selten. Übrigens gibt es seit 1930 den von Tullio Campagnolo patentierten hilfreichen Schnellspanner. Das Arretieren etwa der Sattelstütze mit einem Exzenterhebel (bei Sporträdern sitzen sie zumeist werkseitig auch an den Nabenachsen) hat viel für sich.

»Ich als Radfahrer zeige symbolisch an, welcher Kultur ich zuzurechnen bin«, vermerkt der Soziologie-Professor Roland Girtler »vom Fahrrad aus«: »Auf meinem Hemd steht ›Tour de France‹ und dazu der japanische Firmenname ›T...‹ zu lesen. Ein ›T...‹-Team mischte vor Jahren bei der Tour de France, der Tour der Qualen, mit. Diese Aufschriften unterstreichen meine Qualität als Radfahrer, als Nachfolger der einstigen noblen Reitersleute.«[9] Zu den Accessoires, die in mannigfaltiger Art speziell für Radfahrerinnen und Radfahrer offeriert werden, gehören für den »überzeugten Radfahrer« Kai Schächtele ganz spezielle: »Ich trage Handschuhe mit kleinen Gelkissen an den Innenseiten, die den Druck von den Gelenken nehmen, wenn ich bei einem herzhaften Sprint aus dem Sattel gehe – oder bei einem nicht minder herzhaften Sturz auf den Teer knalle. Die Schuhe, mit denen ich mich in meine Pedale klicke, haben besondere Einlagen zur Fußgewölbe-Unterstützung und wiegen jeweils keine 200 Gramm – die machen mich zwei Stundenkilometer schneller, aber locker. Sie lassen mich zumindest zwei Stundenkilometer schneller aussehen. Und ich trage selbstverständlich eine dieser modernen Trägerhosen aus einem Hightech-Gewebe, das die Beinmuskulatur unterstützen und deren Ermüdung verzögern soll. Das Entscheidende ist aber etwas anderes. Das sind die weichen Polster am Hintern. Die haben eine einzige Funktion: die Sitzhöcker zu entlasten. So heißen die beiden Knochen, auf denen beim Radfahren das gesamte Körpergewicht ruht.«[10]

Über die inzwischen aus der Welt der Radler nicht mehr wegzudenkende Funktionskleidung werde ich mich nicht weiter auslassen – das tun die Hersteller und die Werbung wahrlich ausreichend. Jedenfalls gilt als ausgemacht, dass Baumwolle nachteilig ist, weil sie Feuchtigkeit zwar gut aufsaugt, aber nicht abführt. Ihre Nässe auf der warmen Hautoberfläche bewirkt Verdunstungskälte, die als unangenehm empfunden wird. Funktionsbekleidung kommt bei Annette Zoch in ihrem *Fahr-*

rad-Hasserbuch nicht gerade gut weg: »Diese verdankt ihre Wunder-Eigenschaften (wasserundurchlässig, schmutzresistent, fettabweisend) nämlich einem Stoff namens PFC – den per- und polyfluorierten Chemikalien. [...] Tatsächlich sind PFC in der Umwelt nicht abbaubar. Im Gegenteil: Sie reichern sich an. Im Eis der Arktis und Antarktis. In den Lebern von Eisbären und Seerobben. Auch im menschlichen Blut und in humaner Muttermilch wurden in den letzten Jahren immer mehr PFC nachgewiesen. [...] Also: vergessen Sie die Chinesische MAUER: Die Pyramiden von Gizeh. Das Taj Mahal. Das Einzige, was von uns Menschen einmal bleibt, sind unsere atmungsaktiven Anoraks und Fahrradhosen in CDU-Orange, Neon-Grell-Ätz-Gelb und Grasfroschgrün. Ist das nicht eine grauenhafte Vorstellung?«[11]

Eine nützliche neue Erfindung für Radelnde, die nicht ohne Helm unterwegs sein wollen, ist der »Hövding« – ein Fahrradhelm, den Mensch nicht sieht. Die Rede ist von einem Airbag, der als Kragen um den Hals getragen wird und sich beim Unfall sensorgesteuert so öffnet, dass er den Kopf wie eine Luftkissenhaube umschließt. Das wetterfeste und auch mit Schalüberzügen »aufzuhübschende« Utensil erfordert allerdings einen tiefen Griff in die Geldbörse. Meines Wissens nicht mehr im Handel sind die um 1910 von dem bedeutenden deutschen Fahrradhändler August Stukenbrok (Einbeck) erstmals offerierten »Hunde-Bomben für Radfahrer – bestehend aus leicht explosiven, dabei völlig ungefährlichen Stoffen [...]. Verletzungen des Hundes oder des Radfahrers selbst, auch wenn die Bombe in unmittelbarer Nähe niederfällt, sind ausgeschlossen. Im Kistchen zu 50 Stück verpackt [...]«.[12]

Es gibt drei Kontaktpunkte von Mensch und Rad: die Hände auf dem Lenker, die Füße auf den Pedalen und das Gesäß auf dem Sattel. Letzteres kann bei einer längeren Radtour insbesondere weniger abgehärteten Naturen wahrnehmbare Unannehmlichkeiten bereiten. Ein wunder Hintern gehört zu den am häufigsten vorgetragenen Wehklagen. Gern verrate ich, dass zur Vorbeugung gegen Haarbalgentzündungen und Furunkel die altbewährte Vaseline oder auch Kamillen-Glyzerin-Creme bestens hilft.

Ob Trekking-, Renn-, Falt-, Elektrorad oder City- und Mountainbike – wer lange Freude an seinem Zweirad haben will, kommt um eine regelmäßige Wartung nicht herum – und zumal nicht um eine Reinigung. Da das Fahrradputzen auf eine ziemlich fummelige und zeitaufwendige Handarbeit hinausläuft, haben findige Unternehmer vollautomatische Waschanlagen entwickelt, die viele Automobilisten schon seit Jahrzehnten schätzen. Die »Bikewash-Anlage« etwa reinigt jedes Rad in rund drei Minuten mit sehr wenig Wasser.[13] Dabei übernehmen sensorgesteuerte vollautomatische Bürsten den Reinigungsvorgang und schwingen bei Anbauten und Pedalen zur Seite, ohne den Kontakt zum Rad zu verlieren. Die rotierenden Waschbürsten fahren mehrfach am Rahmen und Laufrädern vorbei, um auch hartnäckigen Schmutz an empfindlichen Bauteilen wie Schaltung, Ritzel und Seilzügen zu tilgen. Ach ja, während bei Autowaschanlagen das Trocknen automatisch erfolgt, müssen wir Pedalisten nach dem »Bikewash« dafür noch selbst Hand anlegen. Aber auch diese Mühe wird uns gewiss bald von geeigneten Gebläsen abgenommen werden.

Ich danke allen Leserinnen und Lesern für ihr Interesse und beschließe dieses Buch mit dem Aufruf des französischen Anthropologen Marc Augé: »Schwingt euch auf die Räder, um das Leben zu verändern. Das Radfahren ist Humanismus.«[14]

Anmerkungen

Schnell-Check

1 Anders als Paul Smethurst, der eine fundierte globale Fahrrad-
geschichte vorgelegt hat, beschränke ich mich auf die europäischen
»Geburtsländer« des Fahrrads. Vgl. Paul Smethurst, *The Bicycle.*
Towards a Global History, Basingstoke 2015.

2 Vgl. Pryor Dodge, *Faszination Fahrrad. Geschichte, Technik, Entwick-*
lung, Bielefeld 2011. Der Begriff Fahrrad ist kein präziser, weil durch
die Zusammenziehung von »Rad« und »fahren« auch ein Einrad
gemeint sein könnte. Die englische Bezeichnung *Bicycle*, die den
zweirädrigen Charakter dieses Verkehrsmittels besser kennzeichnet,
kam in den 1860er Jahren auf – die Kurzform *Bike* ist jünger.

3 Otto Sarrazin, *Verdeutschungs-Wörterbuch*, Berlin 1886.

4 Für motorgetriebene Geschwindigkeiten über 25 km/h ausgelegte
S-Klasse-Pedelecs sowie E-Bikes, die mindestens einen Mofa-
Führerschein voraussetzen, berücksichtige ich nicht eingehend.

5 Vgl. den Bericht im Badwochenblatt für die Großherzogliche Stadt
Baden, 29.7.1817, in: Hans-Erhard Lessing, *Karl Drais. Zwei Räder statt*
vier Hufe, Karlsruhe 2010, S. 53 f.

6 Der Radsport ist ein auch von vielen Fachzeitschriften aufgegriffenes
Thema für sich. Vgl. Benjo Maso, *Der Schweiß der Götter. Die*
Geschichte des Radsports, Bielefeld 2011.

7 Ivan Illich, *Fortschrittsmythen. Schöpferische Arbeitslosigkeit, Energie*
und Gerechtigkeit, Wider die Verschulung, Reinbek 1978, S. 106.

8 Joachim Radkau, *Die Ära der Ökologie. Eine Weltgeschichte*, München
2011, S. 634.

9 Vgl. Jörg Schindler / Martin Held, *Postfossile Mobilität. Wegweiser*
für die Zeit nach dem Peak Oil, Bad Homburg 2009, S. 155.

10 Johann-Günther König, *Die Autokrise*, Springe 2009; J.-G. K.,
Die Geschichte des Automobils, Stuttgart 2010; J.-G. K., *Zu Fuß.*
Eine Geschichte des Gehens, Stuttgart 2013.

11 Florian Nikolaus Reiß, »Vom Radfahren in Bremen – Die Bremer
Fahrradgeschichte bis zum Ersten Weltkrieg«, in: *Bremisches Jahr-*
buch (2015), S. 132–162, hier S. 162.

12 http://www.adfc.de

13 An populärem wie teils auch sehr speziellem Lesestoff mangelt es beileibe nicht – weder an reichhaltig illustrierten Werken zur Fahrradgeschichte (überwiegend als Technik- und Designgeschichte), noch an enthusiastischen Radrennberichten, (Auto-)Biographien namhafter Akteure, literarischen Sammelbänden und vor allem radtouristischen Ratgebern. Ausbaufähig sind meines Erachtens die vergleichsweise wenigen Versuche zur Philosophie des Fahrrads und Philosophie des Radfahrens – etwa: Jesús Ilundáin-Agurruza / Michael W. Austin / Peter Reichenbach (Hrsg.), *Die Philosophie des Radfahrens*, Hamburg 2013.

14 Eine umfangreiche Bibliographie findet sich z. B. bei Anne-Katrin Ebert, *Radelnde Nationen. Die Geschichte des Fahrrads in Deutschland und den Niederlanden bis 1940*, Frankfurt a. M. / New York 2010.

15 Vgl. Tony Hadland / Hans-Erhard Lessing, *Bicycle Design: An Illustrated History*. MIT Press, Massachusetts 2014. Lessing vertritt den deutschen Sprachraum bei der seit 1990 auf Initiative britischer Historiker jährlich an wechselnden Orten tagenden »International Cycling History Conference« (Stand 2015). Die Organisation verzeichnet auf ihrer Website eine Fülle von Verweisen auf einschlägige Quellen und Arbeiten: http://www.cycling-history.org

16 Für die NS-Zeit und generell die regionalhistorischen Aspekte gibt es großen Nachholbedarf. Forschungsarbeiten über Zweiräder für Kinder und deren Nutzung sind eine weitere Wissenschaftsbaustelle. Und zwar nicht zuletzt deshalb, weil die deutschen Geisteswissenschaftler das Fahrrad bis zum Aufkommen der Umweltschutzbewegung in den 1970er Jahren schlicht ignoriert haben. Vgl. Wolfgang König / Helmuth Schneider (Hrsg.), *Die technikhistorische Forschung in Deutschland von 1800 bis zur Gegenwart*, Kassel 2007, S. 299 f. Die erste bundesdeutsche Forschungsarbeit auf Dissertationsniveau erschien 2010: Anne-Kathrin Ebert, *Radelnde Nationen: Die Geschichte des Fahrrads in Deutschland und den Niederlanden bis 1940*, Frankfurt a. M. / New York 2010.

17 Vgl. Johann-Günther König, *Zu Fuß. Eine Geschichte des Gehens*, Stuttgart 2013; J.-G. K., *Das große Geschäft. Eine kleine Geschichte der menschlichen Notdurft*, Springe 2015.

18 Manfred Schubert, »Zwischen ›intelligenter High-Tech‹ und ›cooler Optik‹. Einige Überlegungen zur Technologisierung des Fahrrads

und den Folgen für seine Nutzung in Freizeit und Sport«, in: *Wegbereiter des Fahrrads. Beiträge der 2. Fahrradhistorischen Tagung des ADFC*, hrsg. von V. B. / Wilhelm Matthies / Gerhard Renda, Bielefeld 1997, S. 103–116, hier S. 106.

19 https://de.wikipedia.org/wiki/Fahrradkultur

20 Der Internationale Radsport-Dachverband UCI beschloss 1934, für von ihm anerkannte Wettkämpfe ausschließlich Rennräder mit Trapezrahmen zuzulassen. Diese Einschränkung gilt nach wie vor.

21 Richard Dehmel, *Gesammelte Werke*, Bd. 1, Berlin 1906, S. 44.

Eine geniale Maschine

1 Jörg Schindler / Martin Held, unter Mitarbeit von Gerd Würdemann, Postfossile Mobilität, Bad Homburg 2009, S. 155.

2 Bei den Pedelecs sieht es etwas weniger gut aus. Beim derzeitigen Strommix in Deutschland erzeugen sie pro Kilometer knapp 6 Gramm CO_2. Vor allem die Akkus sind ökologisch nicht unbedenklich. Vgl. die stets aktualisierten Infos vom e-rad-hafen unter: http://www.eradhafen.de

3 Vgl. George H. Mead, »Das Wesen der Vergangenheit«, in: G. H. M., *Gesammelte Aufsätze* Bd. 2, hrsg. von Hans Joas, Frankfurt a. M. 1987, S. 337—346, hier: S. 344.

4 Universität Trier, Abteilung Raumentwicklung und Landesplanung (Hrsg.), *Radlust*, Trier 2007, S. 68; s. a.: http://www.radlust.info.

5 Ebd.

6 Helge von Fugler, »Keine Rollatoren auf zwei Rädern«, in: Frankfurter Rundschau, 5./6.10.2013.

7 Ob Pedelecs und E-Bikes auch dann noch ein begehrter Trendartikel sind, wenn die Elektroautomobiliät mit autonom fahrenden »Kabinenwagen« tatsächlich Realität wird, würde ich nicht beschwören.

8 Matthias Schmid, »Das ›Narrenlob‹ des Fahrrads«, in: *Das Radfahrbuch*, hrsg. von Karl Riha, Darmstadt/Neuwied 1985, S. 112.

9 Ivan Illich, *Fortschrittsmythen. Schöpferische Arbeitslosigkeit. Energie und Gerechtigkeit. Wider die Verschulung*, Reinbek 1978, S. 103 ff.

10 Michael Gressmann, *Fahrradphysik und Biomechanik. Technik, Formeln, Gesetze*, 10., überarb. Aufl., Bielefeld 2009, S. 33 f.

11 Ebd., S. 8.

12 Uwe Timm, *Der Mann auf dem Hochrad*, vom Autor neu durchges. Ausg., München 2002, S. 153.

13 AOK Bremen, Werbung im Rahmen der Kampagne »Mit dem Rad zur Arbeit«. http://www.aok.de. Nur der Ordnung halber: Zum Abtrainieren überschüssiger Pfunde eignet sich gegenüber dem Rad, auf dem ein 70 kg schwerer Mensch in 15 Minuten 105 kcal verbrennt, eher das Joggen mit 218 kcal.

14 »Die Zukunft der Fortbewegung. Fünf Gründe für zwei Räder«, *Tagesspiegel*, 16.7.2012.

15 Vgl. »Kostenvergleich Rad gegen Auto: Das Velo ist Sieger der Herzen«. http://www.spiegel.de/auto/aktuell/kostenvergleich-rad-gegen-auto-das-velo-ist-sieger-der-herzen-a-753206.html

16 Andrea Camilleri, *Von der Liebe zum Radfahren*, Deutsch von Moshe Kahn, Reinbek 2009; Robert Penn, *Vom Glück auf zwei Rädern*, Berlin 2011; Bettina Hart, *Auf dem Rad. Eine Frage der Haltung*, München 2012; Kai Schächtele, *Ich lenke, also bin ich. Bekenntnisse eines überzeugten Radfahrers*, München 2012; Marc Augé, *Lob des Fahrrads*, München 2016.

17 Flann O'Brien, *Der dritte Polizist*, Frankfurt a. M. 1981, S. 111.

18 Ebd., S. 115.

19 Eric Hobsbawm, *Gefährliche Zeiten*, München 2003, S. 112.

20 Uwe Mauch, *Ausgenommen Radfahrer. Auf zwei Rädern durch den Wiener Großstadtdschungel*, Fotos von Mario Lang & Christine Wurnig, Wien 2011, S. 8.

21 Vgl. Ernst-D. Weisheit / Daniela Frahm, »Drahtseilakt mit Fahrrad – eine kurze Historie der Fahrradakrobatik«, in: *Das Fahrrad. Kultur, Technik, Mobilität*, hrsg. von Mario Bäumer / Museum der Arbeit, Hamburg 2014, S. 109 ff. Dass eine Maschine wie das Mountainbike, mit der heutzutage auch ziemlich waghalsige Touren unternommen werden, von den Hobbyakrobaten nicht immer so angemessen wie von Profis beherrscht wird, verraten z. B. Bergwachtberichte.

22 Konrad Paul Liessmann, *Das Universum der Dinge. Zur Ästhetik des Alltäglichen*, Wien 2010, S. 145.

23 Ebd., S. 146 f., 150.

24 Peter Sloterdijk, *Mein Frankreich*, Berlin 2013, S. 241 f.

25 Laut Forsa-Studie im Auftrag von CosmosDirekt. Im März 2015 wurden 1500 Bundesbürger ab 18 Jahren befragt, die ein Fahrrad

besitzen und es auch selbst nutzen. https://www.cosmosdirekt.de/veroeffentlichungen/ig-fahrraddiebstahl-103090

26 Vgl. Antje Goltermann / Jonas Kirsten, »Ein Hingucker – Das Fahrrad als Filmheld«, in: *Das Fahrrad. Kultur, Technik, Mobilität*, hrsg. von Mario Bäumer / Museum der Arbeit, Hamburg 2014, S. 147 ff.

27 Vgl. Elmar Schenkel, *Cyclomanie. Das Fahrrad und die Literatur*, Eggingen 2008; Alexander Kluy, *Fahrradspaß. Geschichten und Gedichte*, Stuttgart 2014; zu Zola: *Paris*, Leipzig 1974; zu Beckett s. insb. Friedhelm Rathjen, *Ein treffliches leichtes Gerät mit Holzfelgen und roten Reifen*, Samuel Beckett & seine Fahrräder, Darmstadt 1996.

28 Uwe Johnson: *Das dritte Buch über Achim*, Frankfurt a. M. 1961.

29 Anzeige aus: Walter Ulreich, *Das Steyr-Waffenrad*, Graz 1995.

30 Das 2007 gestartete Vélib-System in Paris zog die Implementierung von zahlreichen ähnlichen mit Kredit- oder Mitgliedskarten operierenden Systemen nach sich. Vgl. Marc Augé, *Lob des Fahrrads*, München 2016, S. 39 f. Die Deutsche Bahn informiert: »Sie möchten sich flexibel durch die Stadt bewegen und dabei noch den Geldbeutel schonen? Kein Problem: Die Räder von Call a Bike stehen rund um die Uhr für Sie bereit. Sobald Sie sich einmalig im Internet unter www.callabike.de, an einem Terminal oder per Call a Bike-App kostenlos als Kunde angemeldet haben, gehört die Stadt Ihnen. Dann ist ein Handy alles, was Sie brauchen«. http://www.bahn.de/p/view/service/fahrrad/call_a_bike.shtml

31 Zukunftsinstitut: »Cycle-Chic: Die große Zukunft des Fahrrads«. https://www.zukunftsinstitut.de/artikel/cycle-chic-die-grosse-zukunft-des-fahrrads

32 Vgl. Webseiten und Blogs wie z. B. http://www.cycleexif.com, http://www.copenhagencyclechic.com und http://www.biketype.com

33 Emmanuelle Arsan, *Emmanuelle oder Die Kinder der Lust*, Deutsch von Sara Pitti, Reinbek 1976. Hier zitiert aus der Buchgemeinschafts-Lizenzausgabe des Bertelsmann Clubs [o. J.], S. 322 f.

34 Jan Gehl, *Städte für Menschen*, Berlin 2015, S. 18 f.

Radfahren mit politischem Rückenwind

1 Christian Ude, *Stadtradeln. Kleine Philosophie der Passionen*, München 2000, S. 98 f.

2 Annette Zach, *Neben der Spur. Das Fahrradhasserbuch*, mit Bildern von Kai Pannen, München 2011.

3 *Der Spiegel*, H. 37, 2011, S. 60.

4 http://www.bmvi.de/SharedDocs/DE/Artikel/G/fahrradverkehr.html

5 So der Aufmacher der *FAZ-Sonntagszeitung* am 30.9.2012 über den seit den 1990er Jahren anhaltenden Zweiradboom.

6 In Deutschland haben Verkehrsstatistiken und umfassende landesweite Mobilitätserhebungen durch repräsentative Haushaltsbefragungen eine lange Tradition. Vgl.: (im Auftrag des Bundesministeriums für Verkehr) Infas/DLR, *Mobilität in Deutschland 2008*, Bonn/Berlin 2010. http://www.mobilitaet-in-deutschland.de. Vgl. die stets aktualisierten Verkehrsstatistiken des Bundes unter: https://www.destatis.de

7 Mobilität in Deutschland (MiD) ist eine bundesweite Befragung von Haushalten zu ihrem alltäglichen Verkehrsverhalten im Auftrag des Bundesministeriums für Verkehr und digitale Infrastruktur (BMVI). Sie wurde in den Jahren 2002 und 2008 durchgeführt (die nächste erfolgt 2016). Vgl. Infas/DLR, *Mobilität in Deutschland 2008*, Bonn/Berlin 2010. http://www.mobilitaet-in-deutschland.de

8 Infas, *Mobilität in Deutschland – Fahrradnutzung. Impulsvortrag Expertenworkshop BMVBS*, Bonn 2011.

9 Karlsruher Institut für Technologie, »Deutsches Mobilitätspanel (MOP) – Wissenschaftliche Begleitung und Auswertungen. Bericht 2013/2014: Alltagsmobilität und Fahrleistung«. http://mobilitaetspanel.ifv.kit.edu

10 Vgl. BMVI, *Fahrrad-Monitor Deutschland 2015*. Darin der Vergleich »Erhebung 2011, 2013 und 2015«. https://www.bmvi.de/SharedDocs/DE/Anlage/VerkehrUndMobilitaet/Fahrrad/fahrrad-monitor-deutschland-2015.pdf

11 Vgl. http://www.radnetz-deutschland.de

12 Vgl. https://nationaler-radverkehrsplan.de/de/aktuell/nachrichten/bund-wird-sich-staerker-am-bau-von-radschnellwegen

13 https://www.destatis.de/DE/ZahlenFakten/Wirtschaftsbereiche/

TransportVerkehr/Personenverkehr/Tabellen/BefoerdertePersonen.
html
14 Destatis, »Berufspendler«. https://www.destatis.de/DE/Publikatio-
nen/STATmagazin/Arbeitsmarkt/2014_05/2014_05Pendler.html
15 Z. B. die Commerzbank, vgl.: »Wir schaffen Fahrräder an«, in: *Frankfurter Rundschau*, 8./9.2.2014; siehe die informativen Aussagen von
Job-Rad unter: https://www.jobrad.org
16 Ältere Menschen wiederum pflegen gegenwärtig ein ganz anderes
Mobilitätsverhalten als die Jugend und im steigenden Maß pendeln-
de Erwerbstätige. Sie nutzen viel das Auto und gehen auch mehr zu
Fuß.
17 Vgl. Bundesministerium für Verkehr, Innovation und Technologie,
Radverkehr in Zahlen. Daten, Fakten und Stimmungen, Wien 2013.
Übrigens lassen sich die »paradiesischen« Verhältnisse aus vielerlei
kulturellen, infrastrukturellen und anderen Gründen mehr nicht
ohne weiteres auf andere Länder übertragen. Vgl. dazu: Anne-Katrin
Ebert, *Radelnde Nationen. Die Geschichte des Fahrrads in Deutschland und den Niederlanden bis 1940*, Frankfurt a. M. 2010.
18 Bundesministerium für Verkehr, Bau und Stadtentwicklung (Hrsg.),
Nationaler Radverkehrsplan 2010, Berlin 2012, S. 7.
19 Stadt Karlsruhe. Stadtplanungsamt, *Radverkehr 20-Punkte-
Programm. Zwischenstand und Fortschreibung des 20-Punkte-
Programms zur Förderung des Radverkehrs in Karlsruhe*, Juni 2013,
http://www.karlsruhe.de/b3/verkehr/radverkehr/massnahmen
20 Vgl.»Deutschland steht im Stau«, *FAZ-Sonntagszeitung*, 8.6.2014.
21 Vgl. http://www.nationaler-radverkehrsplan.de/nrvp2020/index.
phtml. Der »Modal Split« gibt Auskunft über die Verkehrsmittelwahl
auf Basis der statistisch erfassten Wege. Dabei wird in der Regel
zwischen dem Zufußgehen und der Nutzung vom Kfz, öffentlichen
Nahverkehrsmitteln bzw. ÖPNV und dem Fahrrad unterschieden.
22 Verkehrsclub Österreich: http://www.vcoe.at. Übersichtlich doku-
mentiert unter: http://hamburgize.blogspot.de/2013/07/wieviel-
radverkehr-hat-es-in-europas.html
23 Vgl. die »Top 20« des maßgeblichen, jährlich erstellten »Copenhagenize Index« (2015 wurden Städte mit über 600 000 Einwohnern
bewertet): http://copenhagenize.eu/index/index.html
24 Vgl. http://criticalmass-berlin.org/critical-mass/geschichte-der-cm
25 Der ADFC-Fahrradklima-Test ist die größte Befragung zum Radfahr-

klima weltweit und wurde im Herbst 2014 zum sechsten Mal durchgeführt: http://www.adfc.de/fahrradklima-test

26 Kai Schächtele, *Ich lenke, also bin ich. Bekenntnisse eines überzeugten Radfahrers*, München 2012, S. 11 ff.

27 Bettina Hartz, *Auf dem Rad. Eine Frage der Haltung*, München 2012, S. 85 f.

28 https://www.bmvi.de/SharedDocs/DE/Anlage/VerkehrUndMobilitaet/Fahrrad/fahrrad-monitor-deutschland-2015.pdf

29 »Das ist hip: Kinder und Bierkästen per Rad transportieren«, in: *FAZ-Sonntagszeitung*, 2.3.2014.

30 Ob die »emotionale Bedeutung« des Automobils, deren Produzenten auch nichts unversucht lassen, Wünsche »nach Stil und Individualisierung« nach Kräften zu stimulieren, eine Sache der Vergangenheit ist, würde ich nicht beschwören. Der Blick auf den zunehmend von edlen Sport Utility Vehicles (SUV) und wohlproportionierten »Stadtflitzern« geprägten Automarkt lässt vor dem Hintergrund der alternden Bevölkerung auch andere Schlüsse zu.

31 Jan Gehl, *Städte für Menschen*, Berlin 2015, S. 14.

32 http://www.copenhagencyclechic.com, http://amsterdam cyclechic.com

33 Kai Schächtele, *Ich lenke, also bin ich. Bekenntnisse eines überzeugten Radfahrers*, München 2012, S. 110 f.

34 Ebd., S. 119.

35 Vgl. den Pressebericht vom 21.1.2014: http://www.nationaler-radverkehrsplan.de/neuigkeiten/news.php?id=4542

36 Die Zählungen können im Internet verfolgt werden: http://vmz.bremen.de/radzaehlstationen.html. vgl. auch: Deutsches Institut für Urbanistik (Hrsg.), *Forschung Radverkehr (Broschüre)*, Berlin 2012, unter: http://www.nrvp.de

37 Vgl. dazu ausführlich Jan Gehl, *Städte für Menschen*, Berlin 2015, S. 23 ff.

38 Standardwerk und maßgebliches technisches Regelwerk für Planung, Entwurf, Bau und Betrieb von Radverkehrsanlagen in Deutschland sind die Empfehlungen für Radverkehrsanlagen (ERA). Vgl.: http://www.adfc.de/verkehr--recht/recht/stvo--co/era/empfehlungen-fuer-radverkehrsanlagen

39 http://www.adfc.de/verkehr--recht/radverkehr-gestalten/radverkehrsfuehrung/adfc-position-fahrradstrassen

40 Das gleichnamige Buch erschien 2009 (Darlington). http://www.mediaworkshop.org.uk

41 https://www.gesetze-im-internet.de/stvo_2013/_2.html . Laut einer 2016 vom Bundestag verabschiedeten Gesetzesänderung soll zukünftig eine über 16-jährige Aufsichtsperson ebenfalls den Gehweg auch mit dem Rad benutzen dürfen, wenn Kinder bis 8 Jahren begleitet werden. Aber dient das tatsächlich der Erhöhung der Sicherheit? Meines Erachtens macht diese Regelung den von Fahrradfahrern aller Altersgruppen ohnehin zunehmend unter die Räder genommenen Schutzraum der Fußgänger faktisch zum historischen Auslaufmodell. Die vom Gesetzgeber nach wie vor verlangte Rücksicht der Radelnden auf den Fußgängerverkehr in allen Ehren. In der Praxis – insbesondere in den Städten – kann davon ernstlich längst keine Rede mehr sein.

42 Vgl. http://www.cyclelogistics.eu

43 Neben der Metropolregion Kopenhagen, die gut ein Viertel der dänischen Bevölkerung beherbergt, besteht der »Rest« des Landes aus drei Großstädten mit bis zu 230 000 Einwohnern und ansonsten weitgehend kleinstädtisch geprägten Regionen. Während die größeren urbanen Zentren wie etwa die Universitätsstädte Odense und Århus über Radwege mit Zählsäulen, Parkboxen, kostenlosen Luftpumpen etc. gebieten, sind die Verhältnisse in Orten wie Vejle, Kolding, Horsens und Randers längst nicht so ideal. Auch hält sich in den ländlichen Regionen Dänemarks die Fahrradnutzung im eher überschaubaren Rahmen.

44 Peter Panter, »1372 Fahrräder«, Neue Freie Presse, 24.1.1932, in: Kurt Tucholsky, *Gesammelte Werke in zehn Bänden*, Bd. 10, Reinbek bei Hamburg 1975, S. 18 ff.

45 http://www.ich-ersetze-ein-auto.de

46 Vgl. https://www.vcd.org/infothek/publikationsdatenbank/radverkehr

47 Vgl. Michael Schimer, »Zwischen Last und Lust. Das Fahrrad als Transportmittel und Arbeitsgerät«, in: *Fahrtwind. Kulturgeschichte des Fahrrads im Nordwesten*, hrsg. von Frank Preisner, Katalog zur gleichnamigen Ausstellung im Museumsdorf Cloppenburg, Cloppenburg 2015, S. 84 ff.

48 Vgl. »Mit dem Fahrrad von Baustelle zu Baustelle«, in: *Weser-Kurier am Sonntag*, 8.1.2012.

49 Vgl. http://www.radnetz-deutschland.de

50 Die Touren mit Übernachtungen sind nicht billig und werden mit verschiedenen Schwierigkeitsgraden angeboten. Vgl. z. B. http://www.bikealpin.de; www.ultours.de

51 https://nationaler-radverkehrsplan.de/de/aktuell/nachrichten/bund-wird-sich-staerker-am-bau-von-radschnellwegen

52 Vgl. http://www.adfc.de/deutschland/alle-routen/uebersicht-aller-routen-aus-deutschland-per-rad-entdecken

53 Vgl. die Ergebnisse der Marktstudie »Radreisen der Deutschen 2010« des Marktforschungs- und Beratungsunternehmens Trendscope: http://www.nationaler-radverkehrsplan.de/neuigkeiten/news.php?id=2933

54 Zit. nach: http://velomotion.de/2015/10/eu-verkehrsminister-unterzeichnen-declaration-for-cycling

55 http://de.statista.com/statistik/daten/studie/154146/umfrage/fahrradabsatz-in-deutschland-seit-2000; http://www.kba.de/DE/Statistik/Fahrzeuge

56 Es gibt auch den Beruf des Fahrradmonteurs, der sich für all diejenigen eignet, die die anspruchsvollere Ausbildung zum Zweiradmechaniker scheuen.

Karl Drais oder: Urknall der individuellen Mobilität?

1 Auszug aus: »LODA, eine neuerfundene Fahrmaschine«, in: *Badwochenblatt für die Großherzogliche Stadt Baden,* 29.7.1817, zit. n. Hans-Erhard Lessing, *Karl Drais. Zwei Räder statt vier Hufe,* Karlsruhe 2010, S. 53 f.

2 Zeitgenössische deutsche Übersetzung der in französischer Sprache verfassten Patentschrift vom 17.2.1818, zit. n. Max J. B. Rauck / Gerd Volke / Felix R. Paturi, *Mit dem Rad durch zwei Jahrhunderte. Das Fahrrad und seine Geschichte,* Aarau 1979, S. 18.

3 Ebd.

4 Zit. nach: Hans-Erhard Lessing (Hrsg.), *Ich fahr' so gerne Rad. Geschichten vom Glück auf zwei Rädern,* München 2012, S. 282.

5 Das Wohnhaus wurde im Zweiten Weltkrieg zerstört.

6 Vgl. ausf.: Max J. B. Rauck / Gerd Volke / Felix R. Paturi, *Mit dem Rad*

durch zwei Jahrhunderte. Das Fahrrad und seine Geschichte, Aarau 1979, S. 14 f.

7   Hans-Erhard Lessing, *Karl Drais. Zwei Räder statt vier Hufe*, Karlsruhe 2010, S. 66 ff.

8   Vgl. »Die Laufmaschine des Freiherrn Karl von Drais«, in: *Digitale Sammlung der Badischen Landesbibliothek Karlsruhe*, Mannheim 1817.

9   Ebd.

10 Vgl. Tony Hadland / Hans-Erhard Lessing, *Bicycle Design: An Illustrated History*, Massachusetts, MIT Press, 2014, S. 22 ff.

11 In: Mannigfaltigkeiten zum Nutzen und Vergnügen […], aus *Christian André's neuen National-Kalender für 1819*, Prag 1819, S. 124 ff.

12 *Morgenblatt für gebildete Stände*, 12. Jg. (1818), Nr. 120, S. 480 (Korrespondenz vom 30.4.1818).

13 *Goethes Werke*, Weimarer Ausgabe, IV. Abt., Bd. 28, S. 37.

14 In: Mannigfaltigkeiten zum Nutzen und Vergnügen […], aus *Christian André's neuen National-Kalender für 1819*, Prag 1819, S. 128.

15 Ebd., S. 127 f.

16 Roy Creswell, zit. n. Hermann Schreiber, *Verkehr. Seine Wege, Mittel und Möglichkeiten*, Berlin/Darmstadt 1969, S. 230 f.

17 Vgl. Thomas S. Davis, »On the Velocipede«, Address to the Royal Military College, Woolwich 1837, deutsche Übersetzung in: Hans-Erhard Lessing, *Ich fahr' so gerne Rad*, München 2012, S. 197 ff.

18 Die englische Bestsellerautorin Georgette Heyer (1902–1974) geht in ihrem exzellent recherchierten historischen Roman *Heiratsmarkt* auch auf die Laufmaschine ein. Sie nennt sie wie Johnson in seinem Patent »Pedestrian Curricle«, die Übersetzerin etwas missverständlich Laufrad oder treffender Maschine. Heyers Held Jessamy rast in einer Londoner Straßenszene mit dem Fahrzeug gegen einen Sesselflicker und wird mit Schadenersatzforderungen konfrontiert … Vgl. Georgette Heyer, *Heiratsmarkt*, Reinbek 1979, S. 153 ff.

19 Vgl. z. B. die von Lessing mit eingerichtete Website: http://www.karldrais.de

20 *Die Leuchte*, No. 60–63, 29.7.–8.8.1818, S. 237 ff.

21 Ebd.

22 Ebd.

23 Julius von Voss, *Neue launige und satyrische Dichtungen*, Frankfurt a. d. O. 1818, S. 97–136, hier S. 97 f.

24 Ebd, S. 106 ff.

25 Ebd, S. 124 ff. Auf Laufmaschinen verkehrende Eilboten der Royal Mail in England sollen der Überlieferung nach übrigens einen so hohen Schuhsohlenverschleiß gehabt haben, dass der Rechnungshof die weitere Nutzung der Zweiräder untersagte. Vgl. Max J. B. Rauck / Gerd Volke / Felix R. Paturi, *Mit dem Rad durch zwei Jahrhunderte. Das Fahrrad und seine Geschichte*, Aarau 1979, S. 24.

26 *Literarisches Wochenblatt*, 5. Bd., Nr. 40, Weimar (März) 1820, S. 317.

27 L. Gomperz, »›Zugabe zu den Draisinen‹, aus dem Repertory of Arts […], Juni 1821«, in: *Polytechnisches Journal* 5 (1821) S. 291 f.

28 Ebd., S. 292 ff.

29 http://www.karlsruhe.de/b1/stadtgeschichte/biographien/drais.de (Stand 2016). Auch der öffentlich rechtliche Rundfunk – so der WDR in der Reihe »Stichtag« – lässt wissen: »Der schwerste Vulkanausbruch seit 25 000 Jahren wird zur Initialzündung einer bahnbrechenden Erfindung in der Fahrzeug-Geschichte. Die Explosion des Tambora 1815 in Indonesien schleudert Unmengen von Asche in den Himmel. Die Sonne verschwindet, das Klima kühlt weltweit ab. 1816 erlebt Deutschland ein eiskaltes ›Jahr ohne Sommer‹, Missernten lösen die größte Hungersnot des 19. Jahrhunderts aus. Mit den Menschen sterben auch die Pferde in Massen; das Verkehrswesen steht vor dem Kollaps. Inspiriert durch den Zugtiermangel erfindet Karl Freiherr von Drais in Karlsruhe ein Fortbewegungsmittel, das den Personenverkehr revolutionieren wird.« Siehe: http://www1.wdr.de/themen/archiv/stichtag/stichtag7206.html

30 Hans-Erhard Lessing, *Karl Drais. Zwei Räder statt vier Hufe*, Karlsruhe 2010, S. 51.

31 Vgl. Hermann Bausinger [u. a.] (Hrsg.), *Reisekultur. Von der Pilgerfahrt zum modernen Tourismus*, München 1991.

32 Karl Gutzkow (alias E. L. Bulwer), *Die Zeitgenossen. Ihre Schicksale, ihre Tendenzen, ihre großen Charakter*, Bd. 1, Stuttgart 1837, S. 254.

33 So die Formulierung auf der mit »wissenschaftlicher Unterstützung von Prof. Dr. Lessing« betriebenen Website http://www.karldrais.de

34 Florian Freund statuiert ebenso historisch irreführend: »Mit dem Fahrrad begann der Individualverkehr. Plötzlich konnte man unabhängig vom Pferd oder den festen Eisenbahnstrecken die Welt erkunden«. Vgl. Florian Freund, *VeloEvolution. Fahrradgeschichte, Entwicklung, Design, Hintergründe*, Leipzig 2014, S. 5.

35 Vgl. Johann-Günther König, *Zu Fuß. Eine Geschichte des Gehens*, Stuttgart 2013, S. 48 ff.

36 Aus dem Unterhaltungsmagazin: *Der Sammler*, Nr. 31, 12.3.1831, S. 123 f.

37 Vgl. ausf. Hans-Erhard Lessing, *Automobilität. Karl Drais und die unglaublichen Anfänge*, Weimar 2003.

38 L. Griesselich, »Betrachtung zur Naturgeschichte und die Bewegung des menschlichen Körpers«, in: *Der Volksbote für das Jahr 1844*, Stuttgart 1843, S. 146 ff.

39 Zit. nach: Hans-Erhard Lessing, *Karl Drais. Zwei Räder statt vier Hufe*, Karlsruhe 2010, S. 119.

40 »Räder für Prinzen und andere Kinder – Eine kurze Geschichte der Kinderfahrzeuge«, in: Max J. B. Rauck / Gerd Volke / Felix R. Paturi, *Mit dem Rad durch zwei Jahrhunderte. Das Fahrrad und seine Geschichte*, Aarau 1979, S. 156 ff.

41 An Würdigungen für den Freiherrn mangelt es heute nicht. Siehe etwa die Website: http://www.danke-karl-drais.de

Das exklusive Vergnügen von Pedalrittern

1 Vgl. Tony Hadland / Hans-Erhard Lessing, *Bicycle Design: An Illustrated History*, Massachusetts, MIT Press, 2014.

2 Vgl. »Oberndorf ist stolz auf den Helden Fischer«, in: *Main-Post*, 10.3.2012.

3 Geflüchteten Menschen aus Syrien und anderen Ländern bringt die Initiative #BIKEYGEES das Radfahren bei. http://bikeygees-berlin. org

4 Max J. B. Rauck / Gerd Volke / Felix R. Paturi, *Mit dem Rad durch zwei Jahrhunderte. Das Fahrrad und seine Geschichte*, Aarau 1979, S. 38.

5 Carl Benz, *Lebensfahrt eines deutschen Erfinders*, Leipzig 1925 (44. Tsd. 1943), S. 37 f.

6 Vgl.: Franz Maria Feldhaus, *Kulturgeschichte der Technik*, Bd. 2, Berlin 1928, S. 170 ff.

7 T. Maxwell Witham, »The Early Days of Bicycling«, in: *Badminton Magazine of Sports and Pastimes* II (1896), hrsg. von Alfred E. T. Watson, London 1896, S. 189–194.

8   Vgl. Benjo Maso, *Der Schweiß der Götter. Die Geschichte des Rad-sports*, Bielefeld 2011, S. 5.

9   Ebd., S. 7.

10 Vgl. ebd., S. 10 f.

11 Vgl. Matthias Kielwein: »Velozipedrennen und Clubs in Deutschland. Erste Ansätze um 1869«, in: *Knochenschüttler*, 35 (2005).

12 Vgl. Oliver Leibbrand, »Zur Geschichte des bürgerlichen Radsports im Deutschen Kaiserreich. Der Altonaer Bicycle-Club von 1869/80 – ältester Bicycle-K der Welt«, in: *Sport-Zeiten, Sport in Geschichte, Kultur und Gesellschaft*, 8. Jg. 2008, H. 3, S. 79 ff.

13 Max J. B. Rauck / Gerd Volke / Felix R. Paturi, *Mit dem Rad durch zwei Jahrhunderte. Das Fahrrad und seine Geschichte*, Aarau 1979, S. 42.

14 Zit. nach: Mario Bäumer / Museum der Arbeit (Hrsg.), *Das Fahrrad. Kultur, Technik, Mobilität*, Hamburg 2014, S. 17.

15 Seit Beginn des 19. Jahrhunderts wurde er in Zoll ausgewiesen: 1 Zoll = 2,54 cm.

16 Kaiser Napoleon III. gehörte um 1867 übrigens zu den ersten Käufern einer Michauline.

17 Vgl. David V. Herlihy, *Bicycle. The History*, Yale 2004, S. 160.

18 Uwe Timm, *Der Mann auf dem Hochrad. Legende*, vom Autor neu durchges. Ausg., München 2002, S. 16.

19 Über die Radrennen der Vergangenheit und die Fahrerinnen und Fahrer informiert sehr umfassend das Nachschlagewerk: Jeroen Heijmans / Bill Mallon, *Historical Dictionary of Cycling*, Plymouth 2011.

20 Nur ein Beispiel: 2012 versuchte der deutsche Extremsportler Thomas Großerichter, in weniger als 100 Tagen die Welt zu umrunden. Da er dabei 30 km mit dem Wagen zurücklegte, verstieß er gegen die Regeln der Guinness-Rekord-Buchhalter. Immerhin fuhr er vom Start- und Zielpunkt Berlin in nur 105 Tagen, einer Stunde und 44 Minuten um die Welt. Vgl. diese und andere Touren unter: http://www.arag.de/auf-ins-leben/lebensgeschichten/wie-thomas-grosse-richter-die-welt-umradelte

21 Vgl. Thoms Stevens, *20 000 Meilen mit dem Hochrad. 1884–1886*, hrsg. von Hans-Erhard Lessing, Stuttgart 1984.

22 Etwa von Albert Herresthal, *Geschichte und Entwicklung des Fahr-rads*, VSF-Akademie, Aurich ²2011.

23 Vgl. Alexander Klose, *Rasende Flaneure. Eine Wahrnehmungs-geschichte des Fahrradfahrens*, Münster 2003, S. 112 ff.

24 Zit. nach Florian Nikolaus Reiß, »Vom Radfahren in Bremen – Die Bremer Fahrradgeschichte bis zum Ersten Weltkrieg«, in: *Bremisches Jahrbuch 2015*, S. 132–162, hier S. 148.

25 Ebd., S. 136.

26 Ebd., S. 132 ff.

27 »Landesherrliche Verordnung, betreffend den Gebrauch von Velocipeden auf Fußwegen«, in: *Bremer Nachrichten*, 29.2.1884 und 28.6.1884. Ich nutze diesen Moment, um mich bei Florian Nikolaus Reiß herzlich für die Überlassung seiner Forschungsarbeiten und seiner Tipps zu bedanken.

28 Florian Nikolaus Reiß, »Vom Radfahren in Bremen – Die Bremer Fahrradgeschichte bis zum Ersten Weltkrieg« (s. Anm. 24), S. 135.

29 Zit. nach: Robert Penn, *Vom Glück auf zwei Rädern*, Berlin 2011, S. 34 f.

30 Max J. B. Rauck / Gerd Volke / Felix R. Paturi, *Mit dem Rad durch zwei Jahrhunderte. Das Fahrrad und seine Geschichte*, Aarau 1979, S. 68.

31 Vgl. Albert Herresthal, *Geschichte und Entwicklung des Fahrrads*, VSF-Akademie, Aurich ²2011, S. 31.

32 Renold gilt heute noch als der führende Hersteller von Qualitäts-Rollenketten. Vgl. http://www.renold.de

33 Vgl. Tony Hadland / Hans-Erhard Lessing, *Bicycle Design: An Illustrated History*, MIT Press, Massachusetts 2014, S. 161 f.

34 Der deutsche Begriff Diamantrahmen ist etwas irreführend. Er geht auf eine falsche Übersetzung des englischen *diamond* (= Karo, Trapez, Raute) zurück. Trapezrahmen ist die sinnvollere Bezeichnung.

35 http://www.belfastcity.gov.uk/News/News-37756.aspx

36 Erik Doffek, »Fahrradreklame und Fahrradfoto als Spiegel der Zeitgeschichte«, in: *Wegbereiter des Fahrrads. Beiträge der 2. Fahrradhistorischen Tagung des ADFC*, hrsg. von V. B. / Wilhelm Matthies / Gerhard Renda, Bielefeld 1997, S. 92 f.

37 Vgl. Bettina Kaemena, »Ricarda Huch in Bremen«, in: *Bremisches Jahrbuch 1993*, S. 161–196.

38 Vgl. Johann-Günther König, *Bremen. Literarische Spaziergänge*, Frankfurt a. M. 2000, S. 204 f. Sehr umfangreich berichtet darüber Florian Nikolaus Reiß, »Vom Radfahren in Bremen – Die Bremer Fahrradgeschichte bis zum Ersten Weltkrieg«, in: *Bremisches Jahrbuch 2015*, S. 132–162, hier S. 149 ff.

39 Das Liebesverhältnis währte dreizehn Jahre lang. Ricarda Huch, »Du, mein Dämon, meine Schlange… Briefe an Richard Huch. 1887–1897«, in: *Veröffentlichungen der Deutschen Akademie für Sprache und Dichtung, Darmstadt*, Bd. 72, nach dem handschriftlichen Nachlass hrsg. von Anne Gabrisch, Göttingen 1998, S. 550 ff.

40 Zit. nach: Bettina Kaemena, »Ricarda Huch in Bremen« (s. Anm. 37), S. 188. Die Briefe an Emmi Reiff-Franck liegen – unveröffentlicht – im Deutschen Literaturarchiv Marbach.

41 Ricarda Huch, »Du, mein Dämon, meine Schlange … Briefe an Richard Huch 1887–1897«, in: *Veröffentlichungen der Deutschen Akademie für Sprache und Dichtung, Darmstadt*, Bd. 72, nach dem handschriftlichen Nachlass hrsg. von Anne Gabrisch, Göttingen 1998, S. 551.

42 Zit. nach: Bettina Kaemena, »Ricarda Huch in Bremen« (s. Anm. 37), S. 189.

43 Ricarda Huch, »Du, mein Dämon, meine Schlange… Briefe an Richard Huch 1887–1897« (s. Anm. 41), S. 615.

44 Ebd., S. 616 f.

45 Eduard Bertz, *Philosophie des Fahrrads*, Dresden/Leipzig 1900, erweiterte Neuausgabe hrsg. v. Wulfhard Stahl, Hildesheim / Zürich / New York 2012, S. 119.

46 Vgl. grundlegend: Dörte Bleckmann, *Wehe wenn sie losgelassen. Über die Anfänge des Frauenradfahrens in Deutschland*, Leipzig 1999.

47 Vgl. Kurt Dröge, »Von der Bekleidung beim Radfahren der Damen«, in: *Fahrtwind. Kulturgeschichte des Fahrrads im Nordwesten*, hrsg. von Frank Preisner, Katalog zur gleichnamigen Ausstellung im Museumsdorf Cloppenburg, 2015, S. 112 ff.

48 Elsbeth Meyer-Förster: »Brief an die Frauen«, in: *Das große illustrierte Sportbuch*, hrsg. von Theodor Rulemann, Berlin 1909, S. 273 f.

49 Amalie Rother, »Das Damenradfahren«, in: *Der Radfahrsport in Bild und Wort*, hrsg. von Paul von Salvisberg, München 1897, Repr. Nachdr. Hildesheim / New York 1980, S. 111–136, hier S. 113.

50 Vgl. z. B. Gudrun Maierhof / Katinka Schröder, *Sie radeln wie ein Mann, Madame. Als die Frauen das Rad eroberten*, Zumikon/Dortmund 1992.

51 Dörte Bleckmann, *Wehe wenn sie losgelassen. Über die Anfänge des Frauenradfahrens in Deutschland*, Leipzig 1999, S. 149.

Werktäglicher Stoßverkehr

1 Die Kettenschaltung wurde bei der Tour de France erst ab 1937 zugelassen. Bis dahin drehten die Fahrer vor steilen Anstiegen für die Änderung der Übersetzung das beidseitig mit einem Ritzel versehene Hinterrad um.

2 Eduard Bertz, *Philosophie des Fahrrads*, Dresden/Leipzig 1900. Erweiterte Neuausgabe hrsg. von Wulfhard Stahl, Hildesheim / Zürich / New York 2012, S. 19 f.

3 Vgl. Hans Ludwig, »Tour de France. Von Wett-Rennen und Renn-Fahrern«, in: *Fahrrad-Liebe. Bilder-Lese-Buch*, Redaktion Rolf Wietzer, Berlin 1987, S. 72 f. Auch im Windschatten von Lokomotiven wurden auf speziellen Strecken von Rekordradfahrern Geschwindigkeiten von knapp 100 km/h erreicht.

4 Vgl. die legendäre Studie von Wolfgang Schivelbusch, *Geschichte der Eisenbahnreise. Zur Industrialisierung von Raum und Zeit*, München 1977. Grundlegend auch: Winfried Wolf, *Verkehr. Umwelt. Klima. Die Globalisierung des Tempowahns*, Wien 2007.

5 Volker Briese, »Fahrrad und Eisenbahn. Zur Geschichte eines gespannten Verhältnisses«, in: *Wegbereiter des Fahrrads. Beiträge der 2. Fahrradhistorischen Tagung des ADFC*, hrsg. von V. B. / Wilhelm Matthies / Gerhard Renda, Bielefeld 1997, S. 117–132, hier S. 125.

6 Vgl. »So sah der erste Fahrrad-Stadtplan für Berlin aus«, in: *Berliner Zeitung*, 16.11.2014.

7 Vgl. Florian Reiß, »Zum Beispiel Oldenburg. Die Anfänge des Fahrradfahrens in Nordwestdeutschland«, in: *Fahrtwind. Kulturgeschichte des Fahrrads im Nordwesten*, hrsg. von Frank Preisner, Katalog zur gleichnamigen Ausstellung im Museumsdorf Cloppenburg, 2015, S. 66–83.

8 Vgl. August Horch, *Ich baute Autos*, Berlin 1937, S. 41.

9 Vgl. Paul Gränz / Peter Kirchberg, »Ein Rückblick auf die Produktion der Wanderer Werke«, in: *Motor Jahr 1971*, Ost-Berlin, S. 71 ff.

10 Vgl. Johann-Günther König, *Die Geschichte des Automobils*, Stuttgart 2010, S. 134 ff.

11 Vgl. insbesondere: Elmar Schenkel, *Cyclomanie. Das Fahrrad und die Literatur*, Eggingen 2008, S. 53.

12 Die erste deutsche Übersetzung ist eine Rarität und nicht mehr zeitgemäß: H. G. Wells, *Jenseits des Sirius*, Stuttgart 1911. Vgl. Bernd Uwe

Herrmann, *Das Fahrrad in der englischen Literatur 1880 bis 1960*, unveröffentl. Magisterarbeit, Berlin 1995.

13 H. G. Wells, *A Modern Utopia*, London 1905. http://www.gutenberg.org/files/6424/6424-h/6424-h.htm. Die Übersetzung ins Deutsche besorgte Jürgen Dierking (1946-2016), dem ich nur mehr posthum herzlich danken kann.

14 Vgl. Sándor Békési, »Mit dem Rad in Wien. Zur Geschichte einer unterschätzten Verkehrstechnologie«, in: *Umwelt Stadt. Geschichte des Natur- und Lebensraumes*, hrsg. von Karl Brunner / Petra Schneider, Wien/Köln/Weimar 2005, S. 116–118; darin auch: Ernst Gerhard Eder, »Fahrradfieber«, S. 118–123.

15 Vgl. Sándor Békési, »Mit dem Rad in Wien. Zur Geschichte einer unterschätzten Verkehrstechnologie« (s. Anm. 14), S. 117.

16 Uwe Mauch, *Ausgenommen Radfahrer. Auf zwei Rädern durch den Wiener Großstadtdschungel*. Fotos von Mario Lang & Christine Wurnig, Wien 2011, S. 24.

17 Vgl.: Thomas Froitzheim / Arne Lüers, »Radfahren in Bremen«, in: *Verkehr in Bremen*, hrsg. von Hartmut Roder, Bremen 1988, S. 41 ff.

18 Vgl. die noch sehr rudimentären Studien regionaler Fahrradforschung. Etwa: Stefan Brüdermann, »Fahrradverkehr im Herzogtum Braunschweig. Polizeirechtliche und soziale Aspekte«, in: *Braunschweigisches Jahrbuch für Landesgeschichte 76*, 1995, S. 101 ff.; S. B., »Die Frühzeit des Fahrradverkehrs in Nordwestdeutschland und die Verkehrsdisziplinierung«, in: *Technikgeschichte*, Bd. 64, 1997, S. 253 ff.; S. B., »Äußere Bedingungen für das Radfahren in Hannover bis zu den Anfängen der Massenmotorisierung«, in: *Hannover fährt Rad*, hrsg. von Karin Brockmann [u. a.], Braunschweig 1999, S. 95 ff.; Arnd Reitemeier, »Um Haaresbreite [...] von einem in wildem Tempo heranrasenden Jüngling überfahren – Göttingen, seine Radfahrer und die Entwicklung der Radwege«, in: A. R. / Uwe Ohainski, *Aus dem Süden des Nordens. Studien zur niedersächsischen Landesgeschichte für Peter Aufgebauer zum 65. Geburtstag*, Bielefeld 2013, S. 487 ff.; Antjekathrin Graßmann, »Eine gewisse Animosität gegen Radfahrer...«, in: *Lübeckische Blätter*, Bd. 145, 1985, S. 373 ff.; Florian Nikolaus Reiß, »Vom Radfahren in Bremen – Die Bremer Fahrradgeschichte bis zum Ersten Weltkrieg«, in: *Bremisches Jahrbuch 2015*, S. 132–162; Bernhard Hachleitner [u. a.] (Hrsg.), *Motor bin ich selbst. 200 Jahre Radfahren in Wien*, Wien 2013. Das seit 1886 und nach wie vor in

Bielefeld erscheinende Branchenblatt »Radmarkt« wurde meines Wissens bis heute nur bedingt ausgewertet.

19 Dörte Bleckmann, *Wehe wenn sie losgelassen. Über die Anfänge des Frauenradfahrens in Deutschland*, Leipzig 1999, S. 24.

20 Z. B. von Anne-Kathrin Ebert, *Radelnde Nationen: Die Geschichte des Fahrrads in Deutschland und den Niederlanden bis 1940*, Frankfurt a. M. / New York 2010.

21 Vgl. das Kapitel: »Die grossen Radfahrer-Verbände. Vereinswesen«, in: *Der Radfahrsport in Bild und Wort*, hrsg. von Paul v. Salvisberg, München 1897, Repr. Nachdr. Hildesheim / New York 1980, S. 195–212, hier S. 202 ff.

22 Siehe: http://www.rad-net.de

23 Vgl. Walter von Schimmelfennig-Bartenstein, »Recht und Gesetz im Radfahrwesen«, in: *Der Radfahrsport in Bild und Wort*, hrsg. von Paul von Salvisberg, München 1897, Repr. Nachdr. Hildesheim / New York 1980, S. 171–177.

24 »Heute versteht sich der RKB Solidarität zum einen als ein Fachverband für Hallenradsport. Zum anderen ist der RKB Solidarität zusammen mit der Solidaritätsjugend ein Dachverband für alles, was auf Rollen und Rädern Spaß machen kann, und für alle, die eine Alternative zum herkömmlichen Sportbetrieb suchen. Rad-, Roll- und Motorsport sind unsere Spezialgebiete«. Vgl. http://www.die-soli.de

25 Vgl. Oliver Leibbrand, »Die Roten Radler – Arbeiter Radsportbewegung bis 1933«, in: *Das Fahrrad. Kultur. Technik. Mobilität*, hrsg. von Mario Bäumer / Museum der Arbeit, Hamburg 2014, S. 49–63.

26 Gesetz über den Verkehr mit Kraftfahrzeugen vom 3.5.1909. Textausgabe mit Anmerkungen von Rudolf Kirchner, Berlin 2009.

27 Ebd.; vgl. den historischen Gesetzeskommentar unter: http://dlib-zs.mpier.mpg.de

28 Hans Fallada, *Damals bei uns daheim. Erlebtes, Erfahrenes und Erfundenes*, Berlin 2001, S. 359 f.

29 Z. B. Jenny Williams, *Mehr Leben als eins. Hans Fallada*, Berlin 2002.

30 Vgl. Johann-Günther König, Die Autokrise, Springe 2009, S. 156 ff.

31 Die Militärgeschichtsschreibung überlasse ich als Pazifist und Kriegsdienstverweigerer anderen. Ich finde die von der Deutschen Friedensgesellschaft (DFG-VK) durchgeführten »Friedensfahrradtouren« sinnvoller. Eine gute Übersicht zum Einstieg bietet: Michael Schimek, »Zwischen Last und Lust. Das Fahrrad als Transportmittel

und Arbeitsgerät«, in: *Fahrtwind. Kulturgeschichte des Fahrrads im Nordwesten*, hrsg. von Frank Preisner, Katalog zur gleichnamigen Ausstellung im Museumsdorf Cloppenburg, 2015, S. 102 ff.

32 Hermann Härtel / Maria Rennhofer, *Mit dem Zweirad um die Welt. Die sensationelle Reise des Gustav Sztavjanik*, Innsbruck 2000, S. 9.

33 Volker Briese, *Besondere Wege für Radfahrer. Zur Geschichte des Radwegebaus in Deutschland von den Anfängen bis 1940*, 1994, S. 24; bisher nur in Teilen veröffentlichtes Manuskript; siehe: https://kw1. uni-paderborn.de/institute-einrichtungen/institut-fuer-human-wissenschaften/soziologie/politische-wissenschaft/prof-dr-volker-briese/publikationen

34 Ebd., S. 32.

35 *Bremer Nachrichten*, 7.4.1939.

36 Ebd.

37 Thomas Bernhard, *Ein Kind*, Salzburg/Wien 1982, S. 7.

38 Anne-Kathrin Ebert, »›Geef m'n opa's fiets terug‹: Deutsche Besatzung und die Konfiszierung der Fahrräder«: https://www.uni-muenster.de/NiederlandeNet/nl-wissen/freizeit/vertiefung/fahhrad/besatzung.html

39 Vgl. Michael Schimek, »Zwischen Last und Lust. Das Fahrrad als Transportmittel und Arbeitsgerät«, in: *Fahrtwind. Kulturgeschichte des Fahrrads im Nordwesten,* hrsg. von Frank Preisner, Katalog zur gleichnamigen Ausstellung im Museumsdorf Cloppenburg, 2015, S. 102 ff.

40 Dr. Eva-Maria Westphalen, »Mit dem Kaninchenstall am Fahrradlenker auf der Flucht«, in: *Ostsee-Zeitung*, 2./3.5.2015.

41 Vgl. Klaus Schwingel, *Vaters Rad – Eine saarländische Kindheit 1945–1956*, Gudensberg 2005.

42 Vgl. Thomas Froitzheim / Arne Lüers, »Radfahren in Bremen«, in: *Verkehr in Bremen*, hrsg. von Hartmut Roder, Bremen 1988, S. 49.

43 Beatrix Wuppermann / Richard Grassick, *Beauty and the BIKE*, Darlington 2009, S. 5 ff. 2009 erschien der empfehlenswerte gleichnamige Film, siehe: http://bikebeauty.org/New_2011_Edition_BATB/dvd.html

44 Vgl. http://bmx.rad-net.de

Zweiradtour ins Zeitalter der vernetzten Mobilität

1 Vgl. http://www.agfs-nrw.de/fachthemen/radschnellwege/unsicht-bar/preisverleihung-planungswettbewerb.html

2 http://www.eradschnellweg.de

3 Die von immer mehr Klimaforschern vorausgesagte bzw. befürchtete Zunahme extremer Wetterereignisse dürfte das Radeln oder E-Biken an manchen Tagen zu einem wahrlich abenteuerlichen Unterfangen ausarten lassen.

4 https://nationaler-radverkehrsplan.de/de/aktuell/nachrichten/bund-wird-sich-staerker-am-bau-von-radschnellwegen

5 Vgl. John Urry, *Mobilities*, Cambridge 2007.

6 Vgl. Reinhard Loske, »Sharing Economy: Gutes Teilen, schlechtes Teilen?«, in: *Blätter für deutsche und internationale Politik*, 11 (2015), S. 89.

7 Institut für Mobilitätsforschung (Hrsg.), *Mobilität 2025. Der Einfluss von Einkommen, Mobilitätskosten und Demografie*: https://www.dbresearch.de

8 Vgl. https://udv.de/de/mensch/radfahrer

9 https://udv.de/de/blog/helmpflicht-fuer-radfahrer

10 Vgl. »Besserer Schutz für Radfahrer«, in: *Weser Kurier*, 30.9.2015.

11 Z. B. in: Frank Preisner (Hrsg.), *Fahrtwind. Kulturgeschichte des Fahr-rads im Nordwesten*, Katalog zur gleichnamigen Ausstellung im Museumsdorf Cloppenburg, 2015, S. 7.

12 Hans-Erhard Lessing, »Fahrräder sind die Überlebenden der Pferde«, in: *FAZ*, 30.10.2013.

13 Robert Penn, *Vom Glück auf zwei Rädern*, Berlin 2011, S. 111 f.: »Sie nutzten Fahrradritzel und Ketten, um die Propeller anzutreiben. Mit den Einnahmen ihrer Radwerkstatt finanzierten sie komplett Forschung, Entwicklung, Konstruktion und Erprobung des Wright Flyer, des ersten motorgetriebenen Flugzeugs der Welt.«

14 Carlton Reid, *Roads were not built for cars. How cyclists were the first to push for good roads & became the pioneers of motoring*, Washington DC 2015.

15 Vgl. dazu ausführlich: Johann-Günther König, *Die Geschichte des Automobils*, Stuttgart 2010.

16 Christoph Maria Merki, *Verkehrsgeschichte und Mobilität*, Stuttgart 2008, S. 51.

17 Michel Schiff / Wolfgang W. Parth (Hrsg.), *Fragen an Radio Eriwan*, Berlin/Darmstadt/Wien [o. J.]. Ich danke meinem Freund Per Noergart in Kopenhagen für den Hinweis auf diesen Text.

Bauteile, Zubehör und Problemlösungen

1 VSF-Akademie (Hrsg.), *Fahrräder und Fahrradteile. Illustrationen*, Ludwigsburg 2011. Notwendige Aktualisierungen werden laut dem VSF e. V. erfolgen.

2 Eine Alternative bietet der mit praktischen Infos aufwartende Band von David Perry, *Die guten Dinge: FAHRRÄDER*, München 2016.

3 http://www.adfc.de/technik/fahrradteile-und-zubehoer/beleuchtung/beleuchtungsvorschriften/die-neuen-beleuchtungsvorschriften

4 Kai Schächtele, *Ich lenke, also bin ich. Bekenntnisse eines überzeugten Radfahrers*, München 2012, S. 143 f.

5 Zit. nach: Friedhelm Rathjen, *Singende Fahrradreifen in Ulster. Eine irische Grenzerfahrung*, Scheeßel 2004, S. 107 f.

6 Heinrich Horstmann, *Meine Radreise um die Erde vom 2. Mai 1895 bis 16. August 1897*, herausgegeben und kommentiert von Hans-Erhard Lessing, Leipzig ⁶2007, S. 59.

7 Vgl. Susann Kussagk / Sönke Bemmann, *157 Plattfüße: 52.000 km im Fahrradsattel*, Flörsbachtal 2012.

8 Empfehlenswert etwa Christian Smolik / Stefan Etzel, *Das neue Fahrradreparaturbuch: Anleitungen und Tipps mit Pfiff*, Bielefeld 2010. Im Internet z. B. die Reparaturanleitung: http://www.toms-bikecorner.de

9 Roland Girtler, *Vom Fahrrad aus. Kulturwissenschaftliche Gedanken und Betrachtungen*, Wien 2004, S. 17.

10 Kai Schächtele, *Ich lenke, also bin ich. Bekenntnisse eines überzeugten Radfahrers*, München 2012, S. 90 f.

11 Annette Zoch, *Neben der Spur. Das Fahrrad-Hasserbuch*, mit Bildern von Kai Pannen, München 2010, S. 60 f.

12 *Stukenbrok-Katalog*, Nr. 3498, Einbeck 1910.

13 Vgl. http://clean-your-bike.com/fahrradwaschanlage-mieten

14 Marc Augé, *Lob des Fahrrads*, München 2016, S. 103.

Abbildungsnachweis